青少年心理品质丛书

主编：夏阳

冲动是最危险的伙伴

张俊红◎编著

新疆美术摄影出版社
新疆电子音像出版社

图书在版编目(CIP)数据

冲动是最危险的伙伴 / 张俊红编著. —— 乌鲁木齐：新疆美术摄影出版社：新疆电子音像出版社，2013.4

ISBN 978-7-5469-3902-5

Ⅰ.①冲… Ⅱ.①张… Ⅲ.①成功心理 – 青年读物②成功心理 – 少年读物 Ⅳ.①B848.4-49

中国版本图书馆 CIP 数据核字(2013)第 073017 号

冲动是最危险的伙伴　　　主　编　夏　阳

编　　著	张俊红
责任编辑	吴晓霞
责任校对	李　瑞
制　　作	乌鲁木齐标杆集印务有限公司
出版发行	新疆美术摄影出版社
	新疆电子音像出版社
地　　址	乌鲁木齐市经济技术开发区科技园路7号
邮　　编	830011
印　　刷	北京新华印刷有限公司
开　　本	787 mm×1 092 mm　　1/16
印　　张	15
字　　数	215 千字
版　　次	2013 年 7 月第 1 版
印　　次	2013 年 7 月第 1 次印刷
书　　号	ISBN 978-7-5469-3902-5
定　　价	45.60 元

本社出版物均在淘宝网店：新疆旅游书店(http://xjdzyx.taobao.com)有售，欢迎广大读者通过网上书店购买。

冲动是最危险的伙伴

目

录

第一章　冲动是最危险的伙伴

　　世界上根本就不需要那么多的冲动，只要你稍微忍一忍，或稍微让一让，或互相冷静一下，事情就不会变得那么复杂，等各自情绪都平静下来之后再进行处理，问题就容易解决了。

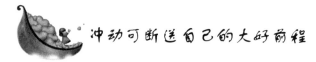

冲动可断送自己的大好前程

曾经有一位智者问他的弟子："为什么很多人在生气的时候，说话是用力喊的，而不是小声地说呢？"

弟子们七嘴八舌地说了一堆原因，可是没有一个理由是让智者满意的，最后智者解释说："当两个人在生气的时候，心的距离是非常远的。为了掩盖它们的距离，能使对方听见自己的声音，所以必须用力喊。而人在喊的同时就会变得更生气，更生气，心的距离也就更远，距离更远就又要喊更大声……"

智者继续说："当两个人在相恋的时候，说话声音都很小，那是因为他们彼此的心离得很近。"最后，智者开导弟子们说："当你与他人争吵时，不要让你的心和对方的心距离变远，也不要说一些让心的距离更远的话。"

冲动就像决堤的洪水那样淹没人的理智，让人做出不可思议的蠢事，也像疯狂的猛兽一样，让人失去应有的节制。

一天，某大公司老板在巡视仓库时，猛然间发现一个工人正坐在地上看连环画。这个老板最痛恨工人在工作时间偷懒，于是脾气一下子就上来了，怒不可遏地问那工人："你一个月挣多少？""1000元。"工人漫不经心地回答道。那个老板立刻就从口袋里掏出1000元给他，并大叫道："拿了钱就给我滚！"

事后，老板责问他的后勤主管："那个工人是谁介绍来的，怎么能偷懒，难道他们不知道我的脾气吗？"主管说："那个人呐，他不是我们公司的员工啊，是其他公司派来送货的。"

公司老板因为一时冲动而白白的损失了1000块钱，还闹出一个大笑话，难道这就是他想要的结果吗？当然不是！所以说，在冲动状态下的人经常会很快失去理智，而一时的冲动就很有可能会轻易地断送自己的大好前程，造成不可计量的损失。

其实，世界上根本就不需要那么多的冲动，只要你稍微忍一忍，或稍微让一让，或互相冷静一下，事情就不会变得那么复杂，等各自情绪都平静下来之后再进行处理，问题就容易解决了。

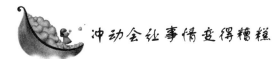

冲动会让事情变得糟糕

39 岁的刘某一次和朋友吃饭回来，经过路口时遇上堵车，朋友便将车开到慢车道上，想从旁边绕过去。这时，一对父子正好经过此处。

"他们嫌我们的车挡道，就骂了我们。"

听到对方的叫骂后很生气，刘某便下车和对方理论，双方越吵越凶，最后动起手来。由于刘某当天喝了酒，怒火更是不能平息，他用双拳和对方打了起来。在此过程中，那位父亲便倒在地上。

令人遗憾的是，这位老者被打成颅脑重伤，住院 8 天后不幸身亡。而刘某也因此受到了法律的严惩。

随着他们的遭遇，他们各自的家庭受到莫大牵连，用家破人亡来形容再贴切不过了。

很显然，这起事件完全是因为冲动所导致。如果那对父子没有骂人，如果刘某不和他们大打出手，双方都控制一下情绪，就不会造成后来的惨重局面。

可惜的是，等他们回过头来想明白了之后，一切都悔之晚矣。

类似这样的事件时常见诸报端，让人们一次又一次看到了冲动所引发的悲剧。

某地农村曾发生过一起让全村人都十分惊讶的家庭悲剧。

李某因和妻子闹矛盾，竟在一怒之下将装有汽油的油壶泼向妻子张某，之后又拿出打火机。随着打火机"啪"的一声响，惨痛的一幕发生了。张某顿时被烈火包裹起来，惊慌失措中她大声呼救，幸运的是，她的女儿、女婿都在家里，听到声音后急忙出来，后来经过往张某身上泼水，用玉米秆拍打，火被扑灭，而张某身上的衣服已几乎烧完。

生活中的非理性因素实在是太多了，以致我们常常会因为这些非理性的因素而控制不住自己，产生诸多不良情绪，导致发生了一些原本不该发生的事情。

1965 年 9 月 7 日，世界台球冠军争夺赛在纽约举行。其中，一位名叫路易斯·福克斯的参赛选手胸有成竹，因为他的成绩远远领先于对手，这次只要能够发挥正常再得积分，便可登上冠军领奖台。

然而，事情却因一只苍蝇来了一个 180 度大转弯。就在路易斯·福克斯准备全力以赴拿下比赛时，让人意料不到的小事发生了：一只苍蝇落在了主球上。

对于前来"凑热闹"的这只苍蝇，路易斯并没有在意，下意识地挥了挥手赶走了苍蝇，然后俯下身准备击球。可是，当他的目光落到主球上时，这只可恶的苍蝇也落到了主球上，他又挥了挥手赶跑了它。然而这只苍蝇好像故意要和路易斯作对，正当路易斯再次俯身时，苍蝇再次落在了主球上。

这时候，只听观众席上发出了一阵笑声，而路易斯的情绪被折腾得坏到了极点。之后，当那只苍蝇又落在主球上时，路易斯终于失去了冷静和理智，愤怒地用球杆去击打苍蝇，一不小心球杆碰动了主球，裁判判他击球，他因此失去了一轮机会。

发生了这一出乎人们预料的事之后，本以为败局已定的竞争对手约翰·迪瑞见状勇气大增，信心十足，连连过关；而路易斯·福克斯则在极度愤怒与失控情绪的驱使下，接连失利，最终错失冠军宝座。

更为可悲的是，第二天早上，有人在河里发现了路易斯·福克斯的尸体，他投水自杀了。

一个攻城略地、叱咤风云的世界冠军竟然被一只小小的苍蝇击败了。这不禁令人扼腕叹息，同时也让人深思。可以说，路易斯·福克斯的落马并不是因为个人实力，而使他从冠军宝座上跌落的是他的情绪。他在对待影响自己情绪的小事时不够冷静和理智，没能控制和调节好这种负面情绪，最终失掉了冠军乃至自己的生命。

的确，坏情绪会时不时地来到我们的身边，轻则破坏我们良好的心境，重则破坏人与人之间的关系，不仅伤害他人，更可能危及自身。

所以，我们很有必要学会控制情绪，远离冲动。虽然我们的生活中总是免不了有摩擦和矛盾，但是当我们在选择冲动的同时，照样也可以选择忍耐或以退为进。事实上，我们的忍耐是他人无法攻破的城堡。因此说来，我们应该努力让自己成为一个理智、冷静的人，尽量不去触碰冲动这个具有高度破坏力的情绪，即使我们无法用宽容赢得一个宽松的环境，但是至少可以把我们的精力用在真正需要的地方。而包括冲动在内的诸多坏情绪如抱怨、生气等，不仅是无能的表现，而且会让事情变得糟糕，甚至毁掉我们的一生。

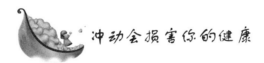

冲动会损害你的健康

当你觉得那些糟糕的事情让你心情不佳时，会不会觉得生气才是最好的发泄方式呢？而且也已经习惯这种方法了呢？可是，动不动就生气所导致的一个直接后果是——它会损害你的健康！

美国生理学家爱尔玛为研究生气对人体健康的影响而进行了一个很简单的实验：他把一只玻璃试管插在有冰有水的容器里，然后收集人们在不同情绪状态下的"汽水"。结果发现：同一个人，当他心平气和时，所呼出的气变成水后，澄清透明，毫无杂色；悲痛时的"汽水"有白色沉淀；悔恨时有淡绿色沉淀；生气时则有紫色沉淀。爱尔玛把人生气时的"气水"注射在大白鼠身上，只过了几分钟，大白鼠就死了。他进而分析认为：如果一个人生气 10 分钟，其所耗费的精力，不亚于参加一次 3000 米的赛跑；人在生气时很难保持心理平衡，这时体内还分泌出带有毒素的物质，对健康不利。

根据美国心脏协会发行的《循环》杂志中指出，暴躁易怒的人心脏病发作或是突然暴毙的几率，比冷静、不易生气的人高出两倍以上。

由马里兰大学的心理学家阿恩沃尔·西格曼领导的一个研究小组对 101 名男性和 95 名女性进行了研究，其中包括 44 名已经确认有心脏病的人和99名没有得心脏病的人。研究包括测量每个人在运动之后心脏的血流量。

研究表明，与没有统治欲和性情平和的人相比，有统治欲的人得心脏病的风险会增加47％，易怒的人得心脏病的风险会增加27％。

研究还发现，不善于表达自己愤怒的女性，更容易得心脏病。而倾向于淋漓尽致地表达自己气愤的男性，也更容易得心脏病。这就说明，无论是男性还是女性，如果他们经常发怒，便容易患心脏病。

研究人员同时表示：这项研究具有相当的重要性。因为如果长期处于情绪不佳、易动怒的情形之下，对于身体健康，更是有绝对性的负面影响。

虽然本研究并没有明确指出高血压与心脏病之间的关系，但可以确定的是：血压正常而容易生气的人，他们罹患心脏病的几率比其他人高，相对地也增加了危险性。

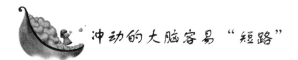

冲动的大脑容易"短路"

一位大学生毕业后，应聘于一家公司搞产品营销，公司提出试用三个月。三个月过去了，这位大学生没有接到正式聘用的通知。于是，他一怒之下愤然提出辞职。公司的一位副经理请他再考虑一下，他越发火冒三丈，说了很多抱怨的话。如此一来对方也动了气，明明白白地告诉他，其实公司不但已经决定正式聘用他，还准备提拔他为营销部的副主任。这么一闹，公司无论如何也不能聘用他了。这位涉世未深的大学生，因自己的不理性而白白地丧失了一个绝好的工作机会。

当一个人冲动时，其全部的注意力都集中在导致他冲动的这一件事情上，对于其他的诸如后果之类的问题，根本就没有时间去考虑。因此有人说"冲动是魔鬼"。无数个令人扼腕叹息的悲剧，一再向众人诠释了这句话。包括我们，在自己的经历中多少有些体会。

心理学家认为，人在受到伤害时，愤怒是正常的反应，他的第一个念头便是想攻击伤害自己的人。因此，心理学家建议我们在行动前最好先问问自己：这样做能否达到目的？对解决事情有无帮助？

专家证实，人在冲动的时候，大脑就容易短路。人在短路大脑的控制下，要对棘手问题做出及时、正确的反应几乎是不可能的。

生活中我们时常听到这样的事情：某人跳楼自杀后，其朋友都说他平时很平静、很容易沟通的，没听说过他和谁有积怨，甚至都不知道他会有什么想不开的地方；或者某人动刀砍人犯罪之后，说自己之前从未想到要砍人，和被砍的人也只是因为小事而起冲突的。那为什么这样的事情我们会经常听到呢？简单地说就是因为人在冲动的时候，容易做出一些平时连想都不会想的事情，从而造成对自己和对他人的伤害。

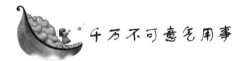 千万不可意气用事

福兮祸所伏，祸兮福所倚。世间很多事情并非完美，上天给你一些东西，必会再给你一些麻烦，十全十美的好事在人生中是不会出现的。所以患得患失，意气用事，是待人处世之大忌。

西方有句谚语："想知道对方的弱点，最简单的方法就是激怒对方。"因为凡是轻易就意气用事的人，瞬间就会把自己的全部弱点暴露给对手，从而给对手以可乘之机。因此，凡是想在竞争中获取最后胜利的人，千万不可意气用事。

有一个单身汉，住在用茅草搭起的房子里。他勤劳耕种，自食其力，渐渐地，油盐酱醋之类的生活必需品越来越齐备了。但是令他恼火的是，草房里老鼠成灾，他满腹怨气，但又无计可施。这天，他酒喝多了，躺在床上睡觉。谁知，老鼠们闹得更凶了。汉子怒火万丈，一把火将草房烧了个精光。老鼠是全没了，可他的家业也没了。

刘邦本是无赖出身，他虽然被看成是一位流氓皇帝，但是在关键时刻，他能够控制住自己的情绪。面对项羽以其老父作为谈判筹码时，他却谈笑自如地说愿项羽分他一杯老爹的肉羹喝，致使项羽的计谋不能得逞。

在通常状况下，大部分人都能控制自己的情绪，也能做正确的决定。但是，一旦事态紧急，我们就自乱阵脚，而无法把持自己，这就很容易遭到毁灭性的打击。

 冲动是酿造苦酒的酵母

有时候，我们很容易血气冲天、思维短路。在清醒以后，却发出无声的悔恨，流下悲哀的眼泪。大多数冲动是容不得我们原谅的！即使没有主观恶意，却像受某种冥冥之物的指示而歇斯底里地狂躁一番，造成自己本不愿看到的恶果、悔恨和悲伤，又能如何呢？只能是承担起因冲动而带来的惩罚。

因为一时的冲动，哈尔滨的出租车司机王某品尝了一枚人生苦果。

2002年12月30日22时许，出租车司机王某和往常一样在哈市的街道上穿梭，因为天气寒冷，一下午没有拉到客人的他不免着急。当他驾车行至南岗区黑山街时，发现一男子向他招手，不禁心中一喜，脚下狠踩了一下油门，可是就在他的车马上要驶到乘客身边时，被某汽车出租公司李某的车挡在前面，"抢"走了乘客。王某顿时火冒三丈，紧紧跟在李某车后，直到李某车上的乘客下车，他飞快地超过，将车横在李某车的前面，要与李某"谈一谈"。结果，两人话不投机，不欢而散。

凌晨时分，王某仍没拉到一个乘客，王某心里十分懊恼。这时，他与抢了他乘客的李某碰巧在一个小区再度相遇。冤家相见分外眼红，两个人对视了一眼，不约而同下了车。王某为防止自己吃亏，下车时顺手将车上的壁纸刀握在手里。就在两人相遇的瞬间，王某先发制人，举起壁纸刀划向对方脖子，对方倒地当场死亡。随后，王某将被害人尸体装进车的后备箱，扔到太阳岛风景区东面大坝下面，然后驾车返回自己家中。

冲动过后，冷静下来的王某脑海里总是浮现出被害人死后的惨状，想到自己为了区区几元钱而害了一条人命，他陷入了深深的自责与痛苦当中，并且经常在梦里被呼啸而来的警车惊醒。巨大的心理压力，使得王某变得精神恍惚，每次出车都避开行凶地点，并且拒绝所有前往他杀过人的小区的乘客，企图消除一切与命案有关的东西。但随着时间的推移，未泯的良知和对罪行的忏悔与反思使他痛苦不堪。终于，3 年后，王某向父母倾吐了埋藏在心中已一千多个日日夜夜的秘密，并在父母劝说下向警方投案自首。在警察局，王某为自己的行为作了深深的忏悔，并主动表示愿意尽最大努力承担对受害者家属的民事责任。

冲动的理由可以很简单，但由冲动而导致的后果却很沉重。与众多因冲动造成恶果的行为者相比，王某还算是一位具有良知的冲动者。他能够意识到自己的罪孽，并主动承担起属于自己的冲动惩罚。

回放事件缘由，仅是因为几块钱的冲突而发生不悦，却将这种不悦上升到杀人泄愤的地步，这是多么糊涂的一个冲动！一时冲动而酿造一起惊骇的惨闻，牵连受害者、自己以及双方的家人，这是多么不划算的一个冲动？

忏悔挽回不了悲剧，因为悲剧已经发生。但愿王某的忏悔能警示后人不要再重蹈覆辙。

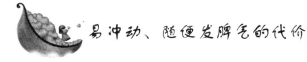

易冲动、随便发脾气的代价

一位员工因为老板一直不加薪而大发脾气，但是这样做的结果，反而会减少加薪的机会。大部分的老板，很快地就会对大吼大叫、胡言乱语的员工所提出的需求失去兴趣。相反的，他们会比较关心

9

那些尊重他们、不好高骛远和脾气好的人。简单地说，对老板发脾气通常会产生不良的后果，对你没有任何好处，大叫、摔东西和咒骂只会让人敬而远之，你会失去他们对你的尊敬、支持和合作。

杰克逊就是一位易冲动、随便发脾气的人。

他心地不坏，但脾气说来就来，也不管对方是什么样的人。他说："我就是这样的一个人，看别人的脸色过日子，太辛苦了！"很多时候，他不管对方处于一种什么地位、什么情景、什么样的心情，他想说什么就说什么。也就是说，他不知道圆融的说话技巧，所以他对一切事都率性而为。

周围的人并不怎么喜欢他，因为他从不考虑一句话说出口的后果，常常让人困窘不堪，唯一让大家放心的是，他没心机，不会害人！

但是，他却害了自己。

有一天，不知为了什么事，他与上司在办公室里大吼大叫，最后，他把桌子一拍，拿起公文夹往主管脸上一扔，大声说："我不干了可以吧？"

他并没有辞职，因为他找不到更好的工作，但是，他再也没有被重用过。当年的同事纷纷升了官，只有他还在原地踏步，做些无关紧要的工作。

这就是杰克逊为冲动而付出的代价。

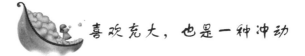

喜欢充大，也是一种冲动

喜欢充大的人，主观意识非常强，凡事都要以他为主，其实这也是一种冲动。

公元 44 年，马援是当时东汉帝国的新息侯和伏波将军，而同朝的松公、窦固两人的父亲是马援的好朋友，从这个层面上来讲，梁松和窦固是马援的晚辈。在一次出征之前，马援曾经告诫梁松和窦固说："一个人富贵之后，应该想到以往贫贱的日子。你们如果不希望贫贱，在高位时要谨慎小心，时常想起我的话。"梁松和窦固听了，虽然心里有些不高兴，但碍于父亲的面子，也就忍了下来，苦笑着点头称是。

后来，马援生病在家，身为当朝驸马的梁松前来探望，在病榻前拜见马援，但是马援并没有把梁松当成驸马看，也就没有按照君臣之仪回礼，这让梁松心里更加不高兴。马援的儿子看在眼里，也急在心里，在梁松走后，他问马援："梁松是皇帝的女婿，也是政府高官，部长级以下官员都对他十分敬畏，刚刚他来看你，你怎么不肯回礼呢？这可是欺君的大罪啊！"没想到马援说："我是他爹梁统的老朋友，算起来是他的长辈，他的地位虽然尊贵，怎么可以不讲辈分，怎么能是我给他回礼呢？"

自此，梁松和窦固就越发地对马援反感，慢慢拉开了和他之间的距离。可是，马援并没有觉察到这一点，还是在无微不至地"教导"梁松和窦固。当时，梁松窦固二人与南越兵团军政官杜保来往密切。杜保的个性非常豪爽，喜欢行侠仗义，马援听说此事后就从边疆写信回来"教导"梁松和窦固："喜欢议论别人的长短，随意批评政治，是我最厌恶的事。龙述这个人敦厚谨慎、谦恭节俭，我敬爱他，也希望你们效法他。杜保虽然是一代豪杰，把别人的忧愁和快乐，都当成自己的忧愁和快乐，其父去世时，前来吊丧的宾客络绎不绝，我也敬爱他，但却不希望你们效法他。为什么呢？因为学习龙述不成，还不失为一个谨慎严正的人；如果学习杜保不成，没有办法拥有他那种气质，就会变成一个无赖。"

这种一而再、再而三的"教导"，让梁松和窦固厌烦不已，他们决定治治马援这个毛病。

终于机会来了，在一次作战中，由于马援选择路线错误，致使大军受阻，又因瘟疫蔓延，人员伤亡很大。当时的皇帝刘秀非常恼火，下令派梁松担任监军官，追查马援的责任。就在这个时候，马援因为疾病缠身而去世。于是梁松不顾长辈晚辈之情，开始疯狂报复，他罗列一系列的罪状来陷害马援，其中就有那次病榻前不回礼的欺君之罪。见到这些罪状，刘秀火冒三丈，立刻下诏撤除马援新息侯的侯爵，并收回印信。

11

马援的妻子、儿女受到这种打击，惊恐万分，不敢把马援的棺木运回祖坟安葬，只好草草放在坟地西边，用土掩埋。平时的亲朋好友，没有一个人敢来吊丧。

马援的人生无疑是一个悲剧，而这个悲剧的起因就是因为自己过于好为人师，不把别人放在眼里。在尊卑等级严格划分的封建社会，不把驸马爷放在眼里，也就是不把皇帝放在眼里，更为严重的是在别人没有过错的时候还一而再、再而三的"教导"对方，这是犯了人性的大忌，而可悲的马援竟然不知道。

第二章　情绪冲动如同魔鬼出笼

　　我们做人的一个原则，其实就是要求我们控制住自己的情绪。控制不了自己的情绪，就是任性的人。一个任意妄为的人是走不了多远的。

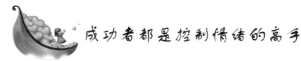
成功者都是控制情绪的高手

我们做人的一个原则，其实就是要求我们控制住自己的情绪。控制不了自己的情绪，就是任性的人。一个任意妄为的人是走不了多远的。

吉布林娶了一个维尔蒙的女子，在布拉陀布造了一所漂亮的房子，准备在那儿安度余生。他的舅舅比提·巴里斯特成了他最好的朋友，他们俩一起工作，一起游戏。

后来，吉布林从巴里斯特那里买了一块地，事先商量好巴里斯特可以每季度在那块地上割草。一天，巴里斯特发现吉布林在那片草地上开出了一个花园，这样他就无法得到预想的一车干草了。他生起气来，暴跳如雷，吉布林反唇相讥，弄得大家不欢而散。

几天后，吉布林骑自行车出去时，被巴里斯特的马车撞倒在地上。这位曾经写过"众人皆醉，你应独醒"的名人也昏了头，告了官。巴里斯特被抓了起来。接下去是一场热闹的官司，结果使吉布林携妻永远离开了美丽的家。而这一切，只不过为了一件很小的事——一车干草。

我们的失败，往往是因为我们不能控制自己的情绪所造成的，如果我们能够掌控自己的情绪，那么我们就更容易掌握自己的命运。每一个成功的人都是能够控制自己情绪的高手，他们不会被自己的情绪所左右，所以，成功也更容易被他们得到。

如果你是个不善控制情绪的人，不如在事情发生前，赶快离开现场，等情绪好了再回来。如果没有地方可暂时"躲避"，那就深呼吸，不要说话，这一招对克制生气特别有效。同时，寻找你生气的原因也是必不可少的。

情绪陷入低潮时，我们会不自觉地压抑情绪，有时还会迁怒于他人。生某个人的气时，我们真正气的可能是自己。很多情况下当你一直受困于某种负面情绪时，就必须改变想法，想想造成你不良情绪的是否有其他原因，而不要只是一味地钻牛角尖。

只要找到原因，就会有办法处理情绪。我们可以采用排除负面情绪的方法，问问自己什么事情让你悲伤。当找到悲伤的原因时，怒气就会慢慢消失，你也会变得宽容了。有了宽容心之后，你就能变得更开朗、更体谅别人。

每一个成功的人都是能够控制自己情绪的高手，他们不会被自己的情绪所左右。所以，成功也更容易被他们得到。

"噢！戴蒙德，你根本就不知道你闯了多大的祸！"伊萨克·牛顿吃完晚饭回来，发现自己的狗把蜡烛打翻了，把他多年来计算的心血烧成了一堆灰烬。他镇静地走过去重新整理那些数据。就这一方面而言，这位杰出的人物就已经超过了他所有的前辈和同时代的对手。

太阳已经升得老高，这时一个人跑到伯里克利（古雅典首领）家里辱骂他。当时这个人非常生气。他一股脑地倒出了心里的怨恨，语言非常恶劣，最后他说得筋疲力尽才停下来，这时外面已经天黑了。他转身准备回家，没想到这时伯里克利却叫来一个仆人，说："点盏灯来，帮这位先生回家。"我们还需要别的事实来证明伯里克利的优秀品质吗？

如果一个人可以掌握自己，他就能战胜自己的感情，战胜周围的环境。自控力就像是一位将军，他能把一群乌合之众调教为一支训练有素的军队，让粗鲁的人变成了有教养、有品格的士兵。

如果一个人缺少自控，他就好像缺少一切。没有自控力，一个人就没有耐心，没有掌握自己的能力。他不能自持，因为他总是受自己的情绪支配。

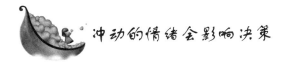

冲动的情绪会影响决策

历史的发展不是个人力量所能够左右的，但是许多时候又受到关键人物的影响而改变了走向。

明朝末年，李自成占领北京城，山海关守将吴三桂听说自己的爱妾陈圆圆被起义军掠走，冲冠一怒便引清军入关，开始了满族政治集团在中原几百年的统治，吴三桂由此成了千古罪人。虽然后来他有所反复，在云南揭起了反清大旗，但也抹不去他身上的历史污点。

相反，三国时期的司马懿就有很好的情商。诸葛亮率领蜀国大军北伐曹魏，司马懿知道诸葛亮的厉害，便采取以逸待劳的拖延策略，不与蜀军正面交战，以消耗对方的实力。这一招着实有效，诸葛亮的军队远道而来，后勤补给困难，如果不速战速决，势必难以取胜。

为了让司马懿出兵，诸葛亮派人给他送去一件女人的衣裳，并且下了一封战书："不敢出兵，这跟妇人没有什么两样。你如果是一个真正的男儿，就出来两军交战；否则，就穿上这件女人的衣服吧！"

"士可杀不可辱"。这些挑衅性的言辞激怒了司马懿，但是他转念一想，诸葛亮是在故意让自己意气用事、仓促出兵啊！于是，司马懿强压着怒火，穿上女人的衣服，下令全军坚守不出，等待作战时机。几个月后诸葛亮病逝，蜀军悄悄退兵，司马懿不战而胜。

作为三军统帅，司马懿能够在紧要关头控制住自己的愤怒情绪，不凭感情用事，而做出正确的战略决策，这是他能够成功的根本原因。

由此可见，冲动的情绪会影响到人们的决策，改写个人命运与历史。在工作中，往往需要人们具备理性的精神，而不能依靠情绪化判断。人们在现代社会中面临的诱惑越来越多，交流沟通的情绪体验日益增加，这都要求我们学会控制自己的情绪，培养自制力，从而游刃有余地进行各种活动。

"士可杀不可辱"说起来快意恩仇、淋漓尽致，但很多时候会让你用一生的时间去后悔。

坏情绪带你住进十八层地狱

丹尼尔是美国的一位铁路工人，有一天他接受上级命令要去检查一节有冷冻功能的火车车厢时，由于不小心，被锁在了车厢中。在经过一阵呼喊以后，都没有人听到他求救的声音，他发现空气越来越稀薄，而冷冻的作用也让他觉得越来越寒冷，丹尼尔只好将身体蜷在一起，把衣领拉得更高……只是依然很不幸，当其他人发现时，丹尼尔被"冻死"在车厢里了。只是，令人疑惑的是，那节车厢的冷冻功能其实是有故障的，车厢里并非低温，丹尼尔竟是被自己的恐惧情绪所杀害。

人们在与外界的交往中，情绪也随之变化，有时候我们会兴奋、高兴、愉悦、自在、放松，有时候我们也会感到恐惧、悲伤、抑郁甚至产生敌意，它们不只会影响到我们的人际关系与工作表现，更可能会危及身体健康与生存安全。有这么一句流行的术语：好的情绪带你进天堂，坏的情绪带你住牢房，甚至会住进十八层地狱！

一位名叫阿维森纳的古代阿拉伯学者，曾经把一胎所生的两只羊羔放置在不同的外界环境中生活：他让其中一只小羊羔随羊群在水草地快乐地生活；而在另一只羊羔的旁边拴了一只狼，它总是看到自己面前那只野兽的威胁，在极度惊恐的状态下，根本吃不下东西，不久就因恐慌而死去。

从某种程度上说，人类的恐惧、嫉妒、敌意、冲动、愤恨等负面情绪都是一种毒素，长期被这些心理问题所困扰，就会导致身体上的疾病。只有学会控制管理好自己的情绪，才有可能长命百岁。

某报纸上曾经报道过这样一则堪称"神奇"的故事：一对英国的夫妻在做年度身体健康检查时检查出太太得了乳癌，先生得了前列腺癌，并且有严重的心脏病，主动脉血管有三分之一被阻塞，医生预估这二人的寿命都只剩半年。

这对夫妻并没有唉声叹气，决定好好度过剩余的岁月，于是他们在白纸上写下最后想完成的 50 件事，然后他们卖掉了伦敦的房子，将这笔钱用在环球旅行上。在他们的旅行过程中，他们几乎忘记了生病这一回事，格外珍惜每一天，开心地享受两人独处的甜蜜，就好像回到初恋时一样，连旁人也羡慕不已。

6 个月之后，这对夫妻回到了伦敦，再到同一家医院做进一步检查时，奇迹发生了，医生惊讶地发现二人的癌细胞已经减少，连丈夫的动脉血管阻塞也好了许多，这个结果让医生感到匪夷所思。后来，医生认为这是积极的情绪的作用，快乐的人脑内会分泌一种安多芬，它会增加体内的淋巴球，进而增强对抗癌细胞的吞噬能力，让人重新获得健康。

因此我们说，只有积极的心态才能创造积极的人生，而消极的心态则只会对我们的人生产生或多或少的消耗。同样的，积极的心态是我们取得成功的源泉，是我们生命中温暖的阳光，而消极的心态则是我们生命的无形杀手，是失败的开始。

所以千万不要忽视情绪的力量，请察觉每一个情绪背后的意义，它可能是死神的召唤，更可能是改变命运之门的钥匙。情绪就好像舞台演出的背景一样，使你的演出蒙上某种色彩。同样的一幕演出，如果在灰暗的布景下，可能意味着悲剧性的结局。而把这台演出毫无更改地置于明亮的背景下，则可能被诠释为轻松的小品。

由此可见，我们需要做的就是为我们内心的每一个情绪负责，让我们的负面情绪减到最少，让正向情绪尽可能地增加，不在负面情绪太强烈时作出重大的决定。同时我们还要学习关心别人的情绪，时时心存感激不忘欣赏生活的美好，并保持均衡的生活，让每一天的生活都过得充实快乐。

沮丧情绪会使决策陷入歧途

在你感到沮丧的时候，千万不要着手解决重要的问题，也不要对影响自己一生的大事做什么决定。因为，那种沮丧的心情会使你的决策陷入歧途。一个人在精神上受了极大的挫折或感到沮丧时，他所有的精力全部集中在他痛苦的感受上，往往无心思考其他任何问题。

当女人受到了极大的痛苦后，她竟会决定去嫁给自己并不真心爱着的男子，这就是一个很好的例子。男人有时竟然会因为事业遭受暂时的挫折而宣告破产，但实际上，只要他们继续努力下去，是完全可以克服困难，战胜挫折，最终获得成功的。

有很多人在受到沉重的打击后，他们竟会想到自杀。虽然他们明明知道，所受的痛苦是暂时的，以后必然能从中解脱出来。因此，当人们的身体或心灵承受着极大的痛苦时，他们往往就失去了正确的见解，也不会做出正确的判断。

在大脑一片混乱、深感绝望的时候，是一个人最危险的时候，因为在这时人最易做出糊涂的判断、糟糕的计划。如果有什么事情要计划、要决断，一定要等头脑清醒、心神镇静的时候。

人在恐慌或失望的时候，就不会有精辟的见解，也不会有正确的判断力。因为正确的判断，基于健全的思想；而健全的思想，又基于清晰的头脑、愉快的心情。因此，忧虑、沮丧时千万不要做出决断。所以，一定要等到自己头脑清醒、情绪稳定的时候，再来计划一切。

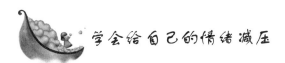

学会给自己的情绪减压

当水壶中的水沸腾时，蒸汽会由壶盖的孔不断冒出。压力锅盖上也有一个小孔，在气压达到一定程度时，蒸汽也由此孔泄出。泡茶的小茶壶盖上也有个小孔，热气亦由此排出。如果没有孔的话，热气就无法散出，里面的压力就会累积，水就会不断地由壶内向外溢出，而压力锅则有爆炸的可能。总而言之，热气与压力都必须能适度的散发出去才可以。

这个原理其实与人的情绪一样。人的不良情绪如果累积压抑得太久，一旦爆发，其后果可能是无法预知的。人的不少冲动，正是由于不良情绪的累积太多，结果因为一件小事，一点就着。因此，学会给自己的情绪减压是减少冲动的一个办法。

不良情绪是千万不能长期积压的，从心理学角度来讲，适度宣泄能够减轻或消除心理和精神上的疲劳，把不良情绪发泄出来比让它积郁在心里要好得多，这样做能够使你变得更加轻松愉快。

夏天的暴风雨，能够净化周围的空气，适度的情绪发泄，能帮助人们倾吐胸中的抑郁和苦衷，能缓解紧张情绪，降低冲动的可能性。

发泄的方法很多，可以通过各种对话、民主生活会等发表意见，也可以找知己谈心，或找心理医生咨询，或通过写文章、写信来表达情感。如不能奏效，干脆痛哭一场，哭是宣泄情绪的一个好方法。孩子遇到了伤心事，常常一哭了事。成年人，特别是男子，多以"男儿有泪不轻弹"自居，强忍悲痛而不流出眼泪。据有关资料表明，这种悲而不哭的情绪同男子患冠心病、胃溃疡、癌症的比例比女子的高有一定的关系。因为悲伤与恐惧等消极情绪一样，会使体内某种有害激素含量过高而危害健康，眼泪却能帮助排泄一部分对健康有害的化学物质。

心理学家指出，痛哭是一种自我心理的救护措施，能使不良情绪得以宣泄和分流，痛哭之后心情自然会比原来畅快许多。

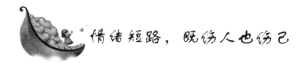

情绪短路，既伤人也伤己

用电短路会损坏电器，甚至酿成火灾；情绪短路，既伤害别人，也伤害自己。

1929 年下半年的一天，奥斯卡在俄克拉荷马城的火车站上等候搭乘火车往东边去。奥斯卡在气温高达 43℃ 的西部沙漠里已经待了好几个月，他在为一家东方的石油公司勘探石油。

奥斯卡毕业于麻省理工学院。当时他已把旧式探矿杖、电流计、磁力计、示波器、电子管和其他仪器结合成勘探石油的新式仪器。

现在奥斯卡得知，他所在的公司因无力偿付债务而破产了。奥斯卡踏上了归途，他失业了，前景相当暗淡。因此他的心情极度不安、烦躁不已。

由于他必须在火车站等待几小时，他就决定在那儿架起他的探矿仪器用以消磨时间。突然，仪器上的读数表明，车站地下蕴藏着丰富的石油。

但奥斯卡不相信这一切，他在盛怒之下砸毁了那些仪器。"这里不可能有那么多石油！这里不可能有那么多石油！"他十分愤怒地反复叫着。

奥斯卡由于失业的挫折，深受消极心态的影响。虽然他一直寻找的机会就躺在他的脚下，但是由于愤怒，他失去了理智，在消极心态的影响下，他不肯承认它，他对自己的创造力失去了信心。就这样，他失去了一次获得巨大财富的机会。

那天，奥斯卡在俄克拉荷马城火车站登上火车前，把他用以勘探石油的新式仪器毁弃了，他也丢掉了一个全美最富饶的石油矿藏地。

不久之后，人们就发现俄克拉荷马城地下埋有石油，甚至可以毫不夸张地说，这座城就浮在石油上。

如果奥斯卡不生气，能冷静地分析情况，那么，世界上就又多了一个石油大王了。

在现实生活中，像奥斯卡一样无法驾驭自己心情的大有人在。他们常为一些小事而突发其火，乱说话、乱摔东西，这就是"情绪短路"的一种表现。

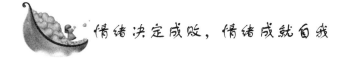

情绪决定成败，情绪成就自我

静下心来，让我们认真回顾一下，自己是否曾经有过这样的经历：

21

当你在工作上勤勤恳恳却不被认可的时候，你是选择忍气吞声还是选择据理力争，或者干脆提交辞职报告？

当你一时冲动和爱人吵架的时候，你是让自己先冷静下来还是喋喋不休指责对方以致感情破裂？

当你用心良苦地为孩子指引一条学习的捷径，而孩子却不买你的账时，你是保持心平气和还是暴跳如雷，甚至拳脚相加？

这些各式各样的行为反应就是"情绪"！它就像影子一样时刻与我们相随。

笼统地讲，情绪是人各种的感觉、思想和行为的一种综合的心理和生理状态，包括喜、怒、忧、思、悲、恐、惊七种。行为在身体动作上表现得越强就说明其情绪越强，如喜时会手舞足蹈，怒时会咬牙切齿，忧时会茶饭不思，悲时会痛心疾首等，这些就是情绪在身体动作上的反映。

对有些人而言，情绪是对工作充满的孜孜不倦的热切追求，是对生活充满殷殷期盼的奋力拼搏，是对自我充满的坚持不懈的竭力完善。而我们也不得不承认，对有些人而言，"情绪"这个字眼不啻于洪水猛兽，唯恐避之不及！

上司常常对下属说："上班时间不要带着情绪。"妻子常常对丈夫说："不要把情绪带回家。"……这无形中表达出我们对情绪的恐惧与无奈。也因此，很多人在坏情绪来临时，莽莽撞撞，处理不当，轻者影响日常工作的进展，重者使人际关系受损，更甚者导致身心疾病的侵袭。

由此可见，良好的情绪是我们成就自我，实现美好人生的铺路石；相反，不好的情绪则很可能是绊脚石。

换句话说，情绪影响着我们的行动，会给我们带来不同的生活。时常情绪不好的人，往往先被自己打败，然后被生活打败；总能保持良好情绪的人，常常能够战胜自己，然后战胜生活。在情绪不好的人眼里，原来可能的事也能变成不可能；在情绪良好的人眼里，原来不可能的事也能变成可能。

情绪决定成败，这是生活的哲理。一个人的成功首先来自于其自我情绪的完善，而并非他的才能。

　　当然，我们无法使自己时时刻刻都保持良好的情绪，诚如美国心理学家南迪·内森指出：一般人的一生平均有30%的时间处于情绪不佳的状态，每个人都不可避免地要与消极情绪作持久的斗争。

　　其实，喜、怒、忧、思、悲、恐、惊，乃人之常情，这就需要我们正确地调节自己的情绪并理解他人的情绪。如果实现这一点，我们就能够生活得舒心，工作得顺心；而若是错误表达自己的情绪，忽视甚至误解他人的情绪，则很可能招致无法估量的损失。

　　诚然，我们每一个人都对幸福的生活充满着无限的向往，谁都不愿经历痛苦、悲伤，或是恐惧、愤怒。可是，情绪就像我们的影子，不可能从我们的生活中消失，而我们能做的，需要做的，就是如何能在情绪的世界里让自己及自己周围的人们生活得更快乐，更美好。

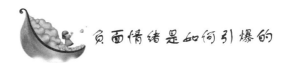

负面情绪是如何引爆的

　　她，每当在灯下等候因在外应酬而晚回家的丈夫时，总是先跟自己说几句：不发脾气，态度温和地迎接他回来。可是，当家门被打开，丈夫的身影出现的那一刻，她就会情不自禁地奉拉下脸，开始唠叨……

　　她，每当看到儿子不理想的成绩单，或者不认真做功课，就会严厉呵斥儿子……

　　他，一直卖力地工作，也很认同所在公司的企业文化，但是每当被上司叫去谈话，他的内心就生出莫名的反感、抗拒。

　　包括上述这些在内，所有我们看到别人的行为模式、情绪反应，其实也都可以映照到我们自己的人生——我们常对令我们不满意的人生气。究竟真的是对方罪不可赦，还是我们的内心需要调整呢？

　　如果从字面来理解，情绪就是情感有思绪，可是它又何尝不像情感的"丝絮"？我们此刻所看到的自身的负面情绪反应，如果愿意从自我探索的角度去寻找答案，其实是有脉络可寻的，也就是说一个人为何容易生气，为何有负面情绪，其实是有原因的。

因为丈夫晚回而发火的妻子，可能在年幼的时候经常见自己的妈妈因父亲晚归而发火、争执，对爸爸无法忍受；因为儿子成绩不理想，学习不努力的妈妈可能小时候生活在要求完美的家庭；而无法和上司亲近相处的下属，可能从小和父母或者亲戚朋友有着紧张的关系。

心理学家认为，有些人出现生气、反感他人的情绪，是因为从小积淀的负面情绪在一个类似的画面中被引爆了。面对这种状况，最好的解决办法是尽快找到自我调整的方法，比如暂时离开现场，深呼吸、找人倾诉等。然而这些方法只是治标，如果想彻底根治负面的情绪，最好还是从治本着手，从"原生家庭"去探寻家人之间的关系，找出那个曾经让我们受伤害的事件，然后进行宽恕和调整。只有那样，那个负面情绪的引爆点，才有机会被我们渐渐铲除。

一家网络媒体曾报道过北京昌平区发生在一对夫妻身上的一件事：妻子对丈夫没有好好照顾自己的腿疾而愤怒异常，两个人只要一见面，妻子就不断训诫和批评丈夫。

丈夫一开始还反唇相讥，但是后来吵久了，他开始以"沉默不理"来回应。这时候，做妻子的更加生气，认为丈夫太不近人情了。

妻子一直认为，每个人都应该好好照顾自己的身体，尤其是作为一家之主的丈夫，更是需要赶快把腿疾治好，不要治治停停的。

然而丈夫却觉得身体是他的，好坏自己明白。他不喜欢妻子催东催西，甚至责骂他。所以虽然妻子是为他好，但是他一样很生气，干脆以"不吭气"来报复妻子。

像这对夫妻的相处关系，已经明显到了"两败俱伤"的阶段。好在做妻子的开始愿意去自我探索，去寻找她容易生气的情绪原点，在探索过程中她发现了症结。原来在她十二岁时，她的父亲死于日渐恶化的疾病，就是那段自认为无能力照顾父亲，以至于失去了父亲的经历，让她在目前的婚姻生活里战战兢兢，她不想再失去生命中的第二个重要的男人。所以她现在对丈夫生气的深层原因，主要是害怕失去他。这份"害怕"逐渐转化成为"生气"，从而危及婚姻的质量。

有一对姐妹一起到百货公司买平底锅。当妹妹选择了她所要的平底锅时，姐姐却"建议"她挑选另一个品牌更好的。请注意，姐姐在此时并没有批评、指责妹妹，只是温和地提供专业的看法，可是如此这般却也激怒了妹妹，这是为什么呢？

在妹妹寻找她生气的"情绪原点"时，发现有两个原因：一是姐姐习惯于教导别人，不论别人有没有需要，总是以专家的姿态提供意见，这使一向自认为处处不如姐姐的她非常反感，从小就因这一点而生姐姐的气，却没有勇气去"谢绝"姐姐的意见。二是当妹妹对姐姐有所抱怨时，事实上，她对父母也是很不满意的。她认为父母给姐姐更多的宠爱，所以当姐姐一给她提供意见时，做妹妹的不但生起姐姐的气，连带也生起父母的气。

好在妹妹努力地对自己"生气"的原因进行抽丝剥茧，终于找到了自己情绪的症结所在，并在一个恰当的时机告诉姐姐："今后如果我有需要，会主动向你征询建议，那时你再告诉我好吗？"妹妹通过自己的主动探索，并给姐姐解释清楚，从而调整了她与姐姐之间的关系。

当外界环境等因素发生变化时，个人会随之产生一系列的情绪变化，我们称之为情绪引爆点。情绪引爆点根据个人忍受程度值的不同，产生不同的引爆点。通常情况下，产生负面情绪的原因有：想掌握对方；找借口使自己的行为合理化；想得到别人的帮助；压抑自己的需求，避免失控；制约反应。

那么负面情绪是如何表现的呢？

当我们由于某种原因产生了负面的情绪时，这种情绪会以一定方式表现出来，常见的形式有迟钝型、暴躁型、迁怒型、日后报复型，等等。

负面情绪所产生的影响是非常严重的，那么，此时该如何消除这种负面情绪呢？

一般情况下，我们可以采用强调自我意识、推迟动怒的时间、移情换位等方式缓解负面情绪所产生的不良后果。告诉自己：不是所有的人都有同样的感觉、思维和言行，不要总对别人抱有期望，控制自己的情绪反应才是解决问题的有效途径！

第二章 情绪冲动如同魔鬼出笼

第三章　愤怒是冲动的导火索

　　生活中，见到别人发脾气恐怕是我们每个人经常会遇到的事，同时我们也经常看到有人因为发了脾气，最终把事情搞得一团糟。究其原因，并不是这个人的能力不够，更不是这个人不善于和他人沟通，而是因为这个人一丁点的坏情绪，导致了最后不可收拾的局面。

 愤怒好比一把地狱之火

生活中，见到别人发脾气恐怕是我们每个人经常会遇到的事，同时我们也经常看到有人因为发了脾气，最终把事情搞得一团糟。究其原因，并不是这个人的能力不够，更不是这个人不善于和他人沟通，而是因为这个人一丁点的坏情绪，导致了最后不可收拾的局面。

因在取款后银行卡不能顺利取出，酒后的祝某竟然持水泥块将价值1.1万余元的取款机当场砸坏。随后，当地人民法院以故意毁坏财物罪，判处祝某有期徒刑一年。

法院认为，祝某故意毁坏公共财物，数额较大，其行为已构成故意毁坏财物罪。

可见，愤怒的破坏性是巨大的。案例中祝某的行为不排除"耍酒疯"的可能，但他的行为已经严重破坏了公共财物，故应承担相应法律责任。

愤怒真的可以称得上是人类最糟糕的情绪了，而我们每个人都可能领略到它的威力：婴儿会大发脾气而损失掉一餐美味的食物；小孩子会突然发脾气而弄得一家不宁；太太发脾气会引起头痛病；丈夫发脾气会失掉胃口……

不可否认，当人们的行动受到限制、愿望不能实现、工作的失败、权力被侵犯、劳累过度等时，就会产生愤怒的情绪。

不管你是否承认，愤怒和疲劳总是接踵而至。我们知道，任何情感都是要耗费精力的，愤怒这种杀伤力极大的坏情绪自然也不例外。当我们处于生气状态时，我们身体需要能量来调动各个部位，使其摆出进攻的姿势——心跳加速、血压升高、全身的肌肉收缩。愤怒时你会感到异常兴奋，你的肾上腺素分泌会增加，当你松弛下来时，你就会感到疲乏不堪。

试想，假如我们每天都会因为某些人某些事而愤怒，一天下来就要经历数次这种兴奋后极度疲乏的恶性循环，如此一来，我们的精力会被这种不断骚扰我们的愤怒耗费多少！

有关机构做过一项调查证明：在平时很少生气甚至不生气的人中，有近七成的人每天早晨醒来时会感到精力充沛、头脑清醒；而与此相对，那些经常生气的人中只有三成有这样的感觉。当被问及是否有过愤怒后疲乏不堪的感觉时，一半以上的不爱生气的人回答说有，高达八成的爱生气的人说有。

有一次，罗德里格安静地坐在座位上等着拿药，而他旁边的一位年纪较大的人却等得焦躁不安，恨不能把药剂师给吃了。"你们的效率简直太低了，害得我在这里等了这么久，耗费了我多少时间，你们知道这意味着什么吗？这意味着浪费我的生命！"那个人喋喋不休地说着。因为他和罗德里格挨着，所以罗德里格就主动对他说："你肯定感觉很不好，是不是感到很累？发这么大的脾气会把人累坏的。我很明白这种状况，朋友，因为我以前也是这样。可是，说真的，这么做不值得，真不值得。"回家后，罗德里格开玩笑地对妻子说："你猜我今天遇到谁了？我遇到以前那个整天生气的我自己了！"

愤怒的危害还不止如此，它还会影响人的身体健康。正如《黄帝内经》所说："喜怒不节，则伤脏，脏伤则病起。"人由于愤怒，还会食欲降低、食而不化。如果经常这样，人的消化系统的生理功能必将发生紊乱。

另外，愤怒还会影响人体的腺体分泌。比如，正在为婴儿哺乳的母亲，如果发怒的话，她的乳汁分泌就会减少或使其成分发生改变，这对嗷嗷待哺的婴儿来讲显然是不利的；又比如，有的人因为受到委屈，遭遇了不公平、不合理的待遇而发怒时，他的泪腺分泌就会增强，以至于泣不成声；再比如，有的人和别人吵架，开始时唾沫星子飞溅，随着愤怒的程度和时间增加，其唾液可由增加而变得枯竭，逐渐就变得口干舌燥，吵嚷声随之也慢慢消失了。此时，人的唾液成分会发生改变，即使是吃平时最喜欢吃的东西也会觉得食之无味。

俗话说得好："当断不断，必受其患。"同样，当我们生气时，需要立即采取措施。而对于生气的人来说，"当断不断"就可能意味着

29

情绪失控后的争吵与冲突。所以，平时我们还是要提高警觉，当发现自己快要生气的信号时，不妨"从 1 数到 10"，这样或许就能渐渐平息我们心中的怒火，不让发怒这个最糟糕的情绪分子来破坏我们本该有的一切。

可是，理论上是这样，而现实中却和我们的愿望大相径庭，有关调查数据显示，90% 的人在快要生气时并没有立即采取措施。这样的结果自然是很快就发展到暴怒。还有人认为，当我们处于愤怒情绪中时，不要采取任何抑制措施，而是任愤怒等情感自然而然地发展。这是一种错误的想法，而且是一种很危险的错误想法。事实上，越早控制住自己的愤怒才是正确的做法。

总之，愤怒好比一把地狱之火，它的威力很强大，我们只有努力消灭情绪的愤怒之火，控制愤怒情绪，才会收获快乐的人生。

 愤怒湮没我们的快乐与成功

佛说，没有永恒的快乐，也没有永恒的苦痛。但是多数身为凡人的我们还无法理解，即使理解了也难做到这一"佛旨"指导下的意义。

与之相对，绝大多数人在生活和工作中，快乐时肆意享受，苦痛时烦恼不堪，甚至因为一些引起自己苦痛的事情而愤怒。但实际上，在愤怒过后，事情大多不会改变或发生转机。这样，无疑把自己逼到了墙角，没有退路可言。

我们都知道这样一句话，生气是拿别人的错误来惩罚自己。心理学家也表示，人要是发脾气就等于在人进步的阶梯上倒退了一步，如果人们只知道生气、愤怒，这样和最原始的人类有什么区别呢？

生气对身体的害处尽人皆知，有时候自己熟悉的人生重病或者身亡，周围的人常会说出"过得太不如意了"、"生那么多的气，不生病才怪"等话语。中医学上认为"怒伤肝"。许多学者还从理性上指出愤怒的危害性。古希腊哲学家毕达哥拉斯认为人在盛怒下常

常会做出不理性的行为，他说："愤怒从愚蠢开始，以后悔告终。"培根则告诫道："无论你怎么表示愤怒，都不要做出任何无法挽回的事来。"在现实生活中，一时愤怒，酿成大错或大祸的事，绝非少见。

不可否认，任何愤怒都不会平白无故地出现，而都是事出有因，但是我们作为有着高级思维能力的人类，在遇到不愉快的事情时，需要"站出来"的是理性思维，而不能让感性思维来支配。同时，我们要了解，要想维护自己的正当利益，仅采取愤怒一种反应方式是不够的，而应该经由理性思维去找出更好的应对招数或策略。比如，人被石头绊倒，通常不会对石头发脾气，那我们何不把那些伤害或触犯自己的人当做"石头"，这样才会心平气和，我们只要以后尽量避开"石头"，即使遇到"石头"也别耽误行程。

我们都知道古希腊伟大的哲学家苏格拉底，有一个关于他的故事是这样的：有一天，苏格拉底和老朋友在雅典城里一边散步一边愉快地聊天。忽然有位愤世嫉俗的青年出现，用棍子打了他一下就跑了。他的朋友看见了，立刻回头要找那个家伙算账。但是苏格拉底拉住他，不让他去追，朋友奇怪地问道："难道你怕这个人吗?"

"不，我绝不是怕他。"苏格拉底说。

"那么，为什么人家打你，你不还手?"

此时，苏格拉底笑着说："老朋友，你糊涂了，难道一头驴子踢你一脚，你也要踢它一脚吗?"他的朋友点点头，就不再说什么了。

一个人的涵养来源于他的修养，一个高尚有修养的人稍有委屈时绝不会想到报复。每个人都有自己的优点和缺点，过分苛求别人的完美是不应该的。"水至清则无鱼，人至察则无徒"，说的就是这个道理。宽容别人的缺点，常常会得到意想不到的效果，而只知一味地愤怒，最终被打败的还是自己。西方民间有个流行的办法可以控制愤怒：人愤怒时便心里默数数字，小怒从 1 数到 10，大怒则数到百以至千，数毕后再采取行动。

从前，有个人在一夜之间突然富有了起来，但是他却不知道要如何来处理这些钱。他向一位和尚诉苦，这位和尚便开导他说："你一向贫穷，没有智慧，现在有了钱，不贫穷了，可是依然没有智慧。

31

近来城内信佛的人很多，有大智慧的人也不少，你出千把两银子，别人就会教你智慧之法。"那人就去城里，逢人就问哪里有智慧可买。有位僧人告诉他："你倘若遇到疑难的事，且不要急着处理，或先朝前走 7 步，然后再后退 7 步，这样进退 3 次，智慧便来了。"那人将信将疑地离开了。

当天夜里那人回到家，昏黑中发现妻子与人同眠，顿时怒起，拔出刀来便想行凶。这时，他忽然想起白天买来的智慧，心想何不试试？于是，他前进 7 步，后退 7 步各 3 次，然后点亮了灯光再看时，发现妻子在与自己的母亲同眠。还好他有幸买了智慧，避免了一场杀母大祸。

由此可见，我们只有学会了控制愤怒，才能为自己的成功增添筹码。而持续的愤怒除了让我们身体受到危害，更会湮没我们的快乐与成功。

 愤怒只会遮蔽视线，产生偏见

愤怒同其他情绪一样，是思维在感情中的激发，是人们在事与愿违时所做出的情绪性反应，是一种失去控制的情感状态。愤怒并不能帮助人们解决任何问题。相反，无论在人际交往还是在身心健康上都会给人们带来不良的影响。

从心理学上讲，愤怒可以使人情绪消沉，可以阻碍人们之间的情感交流；从生理学来讲，愤怒则可以导致高血压疾病的产生。也许有人会认为这是危言耸听，愤怒只不过是人的一种天性，至少发火比一个人独自生闷气有助于身心健康。但值得注意的是，在事与愿违的情况下，并不是除了愤怒和生闷气就别无他法。

人生不如意事十之八九，客观事物总是不以人们的意志为转移的。无论自己的愿望多么美好，想法如何正确，在大多数情况下，都必须按客观规律来办事。你可以不喜欢一个人，但这个人并不会因为你的不喜欢而不存在；你也可以对一些事情有异议，但它们也

不会因为这些异议而消失。

愤怒只会遮蔽人的视线，让人产生偏见。

所以，在你即将发怒前，及时地转移自己的注意力，找一件轻松而有意义的事做一做、想一想。经过缓和情绪的心态调整之后，你肯定会发现发怒是件极其愚蠢的事情。

你可以不喜欢一个人，但这个人并不会因为你的不喜欢而不存在；你也可以对一些事情有异议，但它们也不会因为这些异议而消失。

 ## 怨恨是毒害你身体的毒药

在一个家庭中，由于个性、想法、目的及心灵成熟度的差异，因此，发生冲突在所难免。而"爱"是解决这些矛盾的最好"武器"。

教皇保罗二世在 1997 年世界和平文告中，明确提出了这一点：最真实、最崇高的宽恕，是一种出自于自愿的爱的行动。

然而在一些家庭中，成员相互之间却很难做到这一点，他们往往把对方一些无心的过错牢记在心，并且怀着深深的仇恨，时刻想着怎样去发泄。

有这样想法的人，是危险的。因为他在心里播下了仇恨的种子，当这些种子生根发芽时，他的仇恨就会爆发出来。

这样，一个本来祥和平静的家庭就会陷入无休止的"战争"中，而这样的战争不会有真正的胜利者，"交战"的双方最终会两败俱伤。

怨恨通常也是毒害你身体的毒药。头痛、消化不良、失眠和严重的疲倦等，是怀恨的人常有的生理症状。某医学院以此作了一次调查，调查结论是：与心情较为愉快的人相比，心存怨恨的人更经常进医院。通过医务人员所做的试验也证明患心脏病的人常常不是工作辛劳的人，而是抱怨工作辛劳的人。最足以引起高血压的原因，莫过于外表好像很安静，内心里却被强烈的怨恨所煎熬。

怨恨甚至会造成意外事件。交通问题专家说："发怒的时候永远不要开车。"心里总是纠结于丈夫如何不懂得体贴的妇女，比起那些心里毫无杂思的妇女，更容易在家里发生意外事件。

杜绝怨恨情绪的第一步，便是先要确定怨恨情绪的来源。如果我们能自我反省，我们就会发现，10 次之中有 9 次其来源是很接近于自己这方面的。忽略自己的缺陷与弱点，乃是人之常情，在任何可能的时候，我们总会把自己的短处变成别人的错处，而后加以无以名状的怨恨。例如，在每一起离婚案件中，几乎很明显的，所谓无辜的一方往往并不如其所描述的那般无辜。

"这是一个普遍的现象，"心理学家说，"我们自己的过错好像比别人的过错要轻微得多。我想，这是由于我们完全了解有关犯下错误的一切情形，于是对自己多少会心存原谅，而对他人的错误则不可能如此。"

大多数人都有这样的经历：一旦遇到某种刺激，并为此感到愤怒的时候，我们就会意气用事，说一些不该说的话，做一些不该做的事。此时，如果我们选择不生气，而以平和的心态来看待发生的事情，那么，我们的工作、生活和人际关系就会得到相应的改善。

因此，人们常说："爱产生爱，恨产生恨。"人类的爱在瞭望，它的眼光看到哪里，哪里便是天堂。

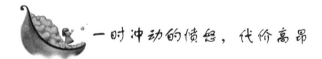

一时冲动的愤怒，代价高昂

事实上，我们需要控制的情绪有很多，在我们所有的情绪中，最需要克制的便是愤怒，因为愤怒会使人丧失理智。在许多场合，因为不可抑制的愤怒，使人失去了解决问题和冲突的良好机会。而且，一时冲动的愤怒，往往在事情过去后就得付出高昂的代价。

在现实生活中，愤怒导致的损失有时是无法弥补的。你可能从此失去了一个老客户，失去了一位朋友，失去了一份令人羡慕的工作，甚至导致婚姻的破裂。所以，当我们遇到意外事情时，要学会控制自己的情绪，动不动就发怒只会得到相反的效果。而及时地制怒，做到有礼有节，则会得到别人的尊重。

愚蠢之人往往用情绪来左右行为，而智慧之人则用行为来控制情绪。我们不要因别人的嘲笑和轻蔑而窘态毕露，反而应该用机智的回答赢得别人的尊敬。很好地控制自己的情绪，便可以避免一些不愉快的场面发生。

遗憾的是，许多人对感情没有控制，他们放纵欲望，任性而无节制，悲哀与欢乐皆无度。有节制的人不为情绪所左右，他不会失之过多，不为一时的高兴而使精神失去平衡，因为狂喜与绝望同样使人陷入不幸，脾气应服从于理性和良知。

许多人都以性情急躁为借口，原谅自己做的错事或傻事。但主宰自己的人却能控制脾气，变激情为作善而不是作恶的动力。被控制的脾气是一种重要的力量，对其加以明智的协调，它会成为推动工作的能量，就像蒸汽机的热力转化成推动车轮的动力一样。

所以，自制是你与人交往时必须具备的品质。只有学会了自制，才能控制别人，才能控制突发的事情，从而使自己获得应有的尊重。

大仲马说："恼怒乃片刻之疯狂。"所以你应该控制感情，否则感情便控制了你。

愚蠢之人往往用情绪来左右行为，而智慧之人则用行为来控制情绪。因为不可抑制的愤怒，使我们失去解决问题和冲突的良好机会。而且，一时冲动的愤怒，往往在事情过去后就得付出高昂的代价。

有时候，你无法克制自己，怒火如潮水般涌来，要破坏你辛苦获得的心灵平静。比如说，现在你的生活非常拮据，任何突然出现的额外费用都会威胁你的经济安全，因此你在这方面不知不觉就会反应过度，任何这方面的问题都会令你烦恼，甚至超过实际程度。偏偏就在这时，老板却说因为你这个月的销售业绩不好要扣你的奖金，这让你的怒火开始燃烧起来。回到家中，妻子向你抱怨，洗衣机总坏，为什么还不找人修，干脆换台新的吧。摸摸瘪瘪的钱夹，想着老板的训斥，听着妻子的抱怨，你觉得你像座愤怒的火山，马

上就要爆发了。

这时，你一定要及时控制住你就要爆发的怒气，虽然这有时会很难做到。但你要知道，人是社会的一个小单元，在人与社会的接触中，难免会遇到一些让人感到无法容忍，内心愤恨的事情。如果不加以控制，就很容易产生过度的反应，让你事后后悔不迭。

许多人有过这样的经历，当你正为公司处理各种棘手的问题、被各种难题重重包围、陷于挫折与敌意之中时，突然手边的电话响起，这时你抓起电话，带着你此时的怒火，以粗野、生气的口吻和对方通话。虽然你的心情可以理解，但你却让打电话者吃了一惊，同时也会使这位无辜者火冒三丈。因此，你可能会失去一位朋友、客户或工作，这让你后悔不已。因此许多公司规定，公司职员在接电话之前，要延迟5秒钟，并且要微笑一下。

交通问题专家曾告诫："发怒的时候永远不要开车。"追查意外事故的保险公司发现，很多车祸的发生是由于司机受到情绪的干扰。如果一位司机与他的妻子或老板发生了口角，如果他遭遇了挫折，或刚刚离开需要采用攻击行为的场合，他很可能会发生车祸。不适当的情绪干扰了他的驾驶。

愤怒加上情绪的煽动，会燃烧得更为炽热，尤其是情绪的背后还有欲望作祟。在盛怒的当下，人会失去理智，变成伤人伤己的危险动物。愤怒还会使人赔上自己的声誉、工作、朋友及所爱的人，以及心灵的宁静、健康，甚至失去自我。愤怒是丑陋的，而且是一种破坏性的情绪，蛰伏在人心，伺机操纵人的生活。

阿兰·马尔蒂是法国西南小城塔布的一名警察，这天晚上他身着便装来到市中心的一间烟草店门前。他准备到店里买包香烟。这时店门外一个叫埃里克的流浪汉向他讨烟抽。马尔蒂说他正要去买烟。埃里克认为马尔蒂买了烟后会给他一支。

当马尔蒂出来时，喝了不少酒的流浪汉缠着他索要香烟。马尔蒂不给，于是两人发生了口角。随着互相谩骂和嘲讽的升级，两人的情绪逐渐激动起来。马尔蒂掏出了警官证和手铐，说："如果你不放老实点，我就给你一些颜色看。"埃里克反唇相讥："你这个混蛋警察，看你能把我怎么样？"在言语的刺激下，两人扭打成一团。旁

冲动是最危险的伙伴

边的路人赶紧将两人分开，劝他们不要为一支香烟而发那么大火。

被劝开后的流浪汉骂骂咧咧地向附近一条小路走去，他边走边喊："臭警察，有本事你来抓我呀！"失去理智、愤怒不已的马尔蒂拔出枪，冲过去，朝埃里克的头连开了 4 枪，埃里克倒在了血泊中……

法庭以"故意杀人罪"对马尔蒂做出判决，他将服刑 30 年。

一个人死了，一个人坐了牢，起因是一支香烟，罪魁祸首是失控的愤怒情绪。

怒从心头起，恶向胆边生

小说《三国演义》中，本想"只用一席话，管教诸葛亮拱手而降，蜀兵不战而退"的魏国军师王朗，结果却被"三寸之舌"的诸葛亮给活活气死。诸葛亮三气周瑜的故事，更是尽人皆知，以致周瑜发出"既生瑜，何生亮"的哀叹，最后因恼恨暴怒，口吐鲜血而亡。

俗话说"一碗饭填不饱肚子，一口气能把人撑死"。有很多人因生气、盛怒而身亡。国民党元老胡汉民就是一例。

胡汉民酷爱下象棋。1936 年 5 月 9 日，著名人士陈融在广州宴请胡汉民，席间有位名叫潘景夷的人也喜爱棋道。酒足饭饱之后，两人便开始对弈。两局下来，各自一胜一负，不分输赢。胡汉民非要再下第三局以决胜负。当第三盘进入残局时，胡汉民颇占优势。不料，对方突然支起羊角士，炮打胡汉民的死车，局势骤然发生变化，胜负已定。顿时，胡汉民大汗淋漓，脸色煞白，急恼交加，晕倒在地。三天后，因患脑溢血死去。

两人对弈，棋艺高则胜，低则败，如果棋力相当，则看临场发挥。不过，胜也好，败也罢，终究是一项娱乐活动，过分计较以致伤身，也就失去了玩的本意，从哪方面看也不划算。

无独有偶，某媒体曾报道过一则"为 300 元生气，生病老汉拔

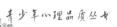

掉针头拒绝进食竟饿死"的新闻。

2002 年 10 月 5 日上午，如皋市的六旬马老汉因旧病复发，被送到医院抢救。马老汉在昏迷中大小便失禁，儿子将脏裤子脱下，顺手扔到病房的角落里。老汉病体恢复后，被儿子接到家中调养。

一天，老汉突然向儿子要那条脏裤子，说里面有 300 多元钱。儿子好不容易在医院垃圾堆里找到那条裤子，但没钱。老汉认为这钱被儿子和媳妇偷走了，一气之下，拔掉手上的针头，拒绝进食。任凭他人如何劝解也无济于事，每日只靠喝点水维持生命。几天之后，马老汉被饥饿活活折磨而死。

许多人很难控制住怒气，任怒气恣意，这样的结果轻则是生病，重则是伤身。人之所以会被"气"死，医学专家认为，这是因为当某人受到刺激发怒时，心跳便会加快，血液循环加速，一些患有心脏病、高血压的人，就会因为发怒而引起心律失常。

怒气就像人体中埋着的一颗炸弹，随时都会爆炸，从而酿成大祸。古人所言"怒从心头起，恶向胆边生"就是这个道理。

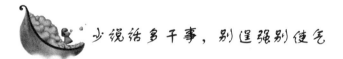

少说话多干事，别逞强别使气

有些人就是喜欢说话，该说的他要说，不该说的他也要说，而且还要到处开讲座、发表演说，卖弄那一肚子学问。这还不算，不少人还把能说会道看成是一大特长，你看战国时的苏秦佩带六国相印，张仪两次相秦，不就是凭三寸不烂之舌谋取功名的吗？可是想过没有，这两个人虽然凭一张嘴为自己博取了功名，但也是因为这一张嘴让自己丢掉了性命。所以，老子告诫我们说："希言自然"。

什么叫"希言自然"？"希言"就是少说话。语言只是表情达意的工具，它的作用非常有限。天地万物的变化都有一定的规律，并不会因为你多说了两句，就会发生改变，不管你怎么说，地球照常要自转，太阳照常要东升西落，你说得再多，你也得吃饭、睡觉。所以言多伤身，耗损元气，还是少说为佳。既然如此，为什么有些人还是那么爱说呢？原因在于，他们有自己的欲望，有自己的意图，他们想表现自己，不说，心里不舒服，说了，那份逞强的心就满足了，飘飘然了。

可是，一个人要是为了逞强，为了放纵某种欲望，就去逞口舌之快，那是很危险的。这样的人不可能长久得意，甚至会惹火烧身。古语云："言易招尤，教儿孙少说两句；诗能化俗，教儿孙多读几行。"所以，一个人还是管住自己的嘴为佳。

人在大自然面前是很渺小的，人再强，也没有狂风暴雨强，狂风一来，飞沙走石。暴雨一下，河水猛涨。可是你几时看过飞沙走石的狂风一刻不停地刮过一整天，你又几时看过倾盆大雨一刻不停地下过整整一天。是谁在主宰这件事呢？当然是施行自然法则的天地，以天地之伟力尚且不能让它们长久，何况在天地面前渺小得可以忽略的人呢？可是有些人偏偏不相信这一套，不相信这一套，那么就得接受这一套的惩罚，就像一个人不相信法律一样，胆大妄为，最后，被法律送上了断头台。

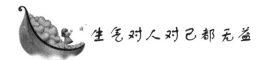

生气对人对己都无益

生活不可能总是平静如温和的湖水，人生也不会总是事事如意，人作为感情动物，出现某些波动也是很自然的事情。对于情绪，有人能够控制，喜怒不形于色，可有些人往往遇到一点不顺心的事便火冒三丈，怒不可遏，胸中积满气愤。

殊不知，生气有着太多的害处：其一，会在无意中伤害无辜的人，但又有谁愿意无缘无故充当别人的出气筒呢？其二，会破坏家庭关系的和谐。其三，生气对身体的危害最大，气多伤身。

中国传统医学也认为生气有损健康。《淮南子·本经》上讲："人之性，有侵犯则怒，怒则血充，血充则气激，气激则发怒，发怒则有所释憾矣！"这里所说的释憾，也就是损性亏本的征兆。《黄帝内经》也明言告诫："怒伤肝。"肝在生理功能上的作用举足轻重，不仅能调节蛋白质、脂肪、碳水化合物的新陈代谢，而且有解毒造血和凝血的作用。从这里可以看出，生气对健康的危害是不可忽视的。

美国生理学家爱尔马，为研究生气对人健康的影响，进行了一个很简单的实验：把一只玻璃试管插在有冰有水的容器里，然后收集人们在不同情绪状态下的"汽水"。结果发现：即使同一个人，当他心平气和时，所呼出的气变成水后，澄清透明，一无杂色；悲痛时的"汽水"有白色沉淀；悔恨时有淡绿色沉淀；生气时则有紫色沉淀。

爱尔马把人生气时的"汽水"注射在大白鼠身上，不料只过了几分钟，大白鼠就死了。这位专家进而分析：如果一个人生气10分钟，其所耗费的精力，不亚于参加一次3000米的赛跑；人生气时，很难保持心理平衡，同时体内还会分泌出带有毒素的物质，对健康十分不利。

另外，有很多这样的个案：因为做父母的不会管理自己的情绪，不管这个情绪是因孩子而起还是与孩子完全无关，都发泄到孩子身上，导致孩子不能健康成长，严重者会影响孩子的一生。

有一个青年，各方面都不错，只是特别喜欢为一些琐碎的小事生气。别人还不知道是怎么回事，他却生气了。他也知道自己这样不好，但就是改不了，于是他便去求一位高僧为自己谈禅说道，解决自己的烦恼问题。

高僧听了他的讲述，一言不发地把他领到一座禅房中，让他坐在里面，自己突然落锁而去。青年气得跳脚大骂。骂得口干舌燥，高僧仍然不理会。这时候，青年又开始哀求，但高僧仍然不理会他。青年无奈，终于沉默了。听到没有声音了，高僧来到门外，问他："小伙子，你还在生气吗？"青年说："我只为我自己生气，我怎么会到这地方来受这份罪，还不如不来找你呢。"

"连自己都不原谅的人怎么能心如止水呢？看来你还没有静下来啊！"高僧说完，拂袖而去。过了一会儿，高僧又问他："现在还生气吗？"

"我不生气了，生气也没有什么办法。"青年说。

"如此看来，你的气并未消逝，还是埋在心里，爆发后将会更加剧烈，还不行。"高僧又离开了。

当高僧第三次来到门前的时候，青年告诉他："我已经不生气了，因为根本不值得生气。""你现在还知道值不值得，这说明你心中还在衡量着，还是有气。"高僧笑道。

当夕阳即将西下的时候，青年问高僧："大师，到底什么是气啊？你告诉我吧。"于是高僧将手中的茶水倾洒于地。青年思索良久，突然顿悟。立即叩谢而去。

什么是气呢？气，便是别人吐出而你却接到口里的那种东西，你吞下去便会反胃，你不看它时，它便会自然地消散了。

既然生气对人对己都无益，那么我们就应该学着控制自己，尽量做到不生气。碰上了不愉快的事，首先要增强心理承受能力，学会自己给自己"消气"；确实遇到烦心的事，也要"戒"字当先，戒除恼怒，不生气，是最好的心理措施，可以防患于未然。当然，这不是简单下个决心就能办到的事情，其中还有道德修养和陶冶情操的问题。古人把"责己严，待人宽"，"温、良、恭、俭、让"视为人际交往的准则，人不能因为一点小事就大动肝火。遇到事情时保持冷静，怀着宽厚的胸怀对待别人，在不愉快时适当克制自己的情绪，这实际上也体现了一个人的内在修养。

第四章 冷静是克服冲动的法宝

　　在你纵观全局，果断决策的那一刻，你的人生成败便已经注定。因为没有正确的判断，就会面临更多的失败和危机。在紧急关头保持冷静是很重要的。成大事者会临危不乱，沉着冷静，理智地应对危局。

沉着冷静，理智地应对危局

成大事者会临危不乱，沉着冷静，理智地应对危局。

在你纵观全局，果断决策的那一刻，你的人生成败便已经注定。因为没有正确的判断，就会面临更多的失败和危机。在紧急关头保持冷静是很重要的。成大事者会临危不乱，沉着冷静，理智地应对危局。

一位美国空军飞行员曾这样讲述他的亲身经历：

"二次大战期间，我独自驾驶一架战斗机，第一次任务就是轰炸东京湾。从航空母舰上起飞后，一直保持高空飞行，然后再以俯冲的姿势滑落至目的地300英尺上空执行任务。"

"然而，正当我以雷霆万钧的姿势俯冲时，飞机左翼被炮火击中，顿时翻转过来，并急速下坠。"

"我发现海洋竟然在我的头顶！你知道是什么东西救我一命的吗？"

"在我接受训练的期间，教官一再叮咛，在紧急状况中要沉着应付，切勿轻举妄动。飞机下坠时，我就只记得这么一句话，因此，我什么机器都没有乱动，我只是静静地想，静静地等候把飞机拉起来的最佳时机。最后，我果然幸运地脱险了。假如我当时顺着本能的求生反应，未待最佳时机就胡乱操作了，必定会使飞机更快下坠而葬身大海。"

"一直到现在，我还记得教官那句话：'不要轻举妄动而自乱脚步，要冷静地判断，抓住最佳的反应时机。'那是对我一生的最好教益"

无法忍受，偏激之言慎出口

在职场打拼，或许你总是那个能够非常出色地完成工作任务的员工，也或许你的虚荣心会因此膨胀，你开始赞叹自己如同一休一般聪明，总是讥笑那些"榆木疙瘩"似的同事……

于是，别人在你眼里都看着不顺眼，你总是觉得自己是鹤立鸡群、出类拔萃，也总是满怀欣喜地盼望着评优、加薪、升职，可是好事却总是离你很遥远，你也只有眼睁睁地干看着的份儿。

是不是该回头好好想一想，自己平时是怎么和领导说话的？是不是经常口无遮拦地诉说自己的成功，贬低同事呢？是不是信口开河、滔滔不绝地对周围的人抱怨呢？其实，这些偏激的语言都逃不开领导的眼睛。他们嘴上虽然不说，心里其实已经在开始为你打分了。所以说，为了自己美好的前途，还是努力改变一下自己的说话风格吧。

李维达从大学毕业就在这家公司上班，大约有 5 年了。一直以来李维达都是保持少说多做的作风，和谁都不多说话，别人说什么都和他无关。即使是说对他不利的事情，他也无所谓，因为他觉得做好他的工作，领导自然会看到，自然不会亏待自己。

但是，李维达没有想到的事情还是发生了。

那天他正在研究一个新的工作，却看见领导怒气冲冲地向他走来，将一个文件"啪"的拍在他的桌子上，怒吼着："小李，你在这里也不是一天两天了，怎么连这点事都做不好呢？简直是一塌糊涂，不可理喻！"李维达正专心工作着，一时还真没反应过来是怎么回事，他被这突如其来的事情弄晕了。

他拿过文件一看，上面虽然写的是他的名字，但是却不是他做的文件。于是他平心静气地说："这个文件不是我做的，虽然写的是我的名字……"没有想到他的话还没有说完，领导就更加怒气冲天了："不是你做的是谁做的？写的就是你李维达的名字，你以为我不

45

认识字呀？也不知道现在的年轻人这是怎么了，喜欢推卸责任了！"

领导的话让李维达非常生气，他已经辛辛苦苦在这里工作 5 年了，别说这份报告不是自己写的，就算是，出了什么毛病，也不至于如此吧！办公室里那么多人，怎么就不懂得给自己留个面子呢？这就说明领导连最起码的尊重也没有给自己！既然这样，那还说什么呢？李维达压住火气说："我想，从今天开始，你就再也不是我的领导了！"

领导愣了一下，问："你这是什么意思？"李维达平静地说："我要辞职！"领导指着文件问："这报告怎么解释？你要赔偿我损失！"李维达拿起文件："我不干了，你要损失，上法院告我去吧！"说完李维达就离开了。当时一点也没有惋惜这 5 年来的辛苦和成就，一点后路也没有给自己留。

直到一年后，李维达再次遇到了那位领导，才知道，当时领导的举动完全是为了测试自己的应变能力，因为他当时想把李维达调到外联部门做主任，而外联工作需要很强的应变能力。5 年来李维达给他的印象是工作踏实、性格沉稳，但是却不知道他处理突发事件的能力如何。所以，就想出了那个主意。李维达听了之后心里十分后晦。他知道一切都迟了，他彻底失败在那个被领导安排好的测试中了……

工作中和领导说偏激的话，是最愚蠢的做法。即使你真的发现了领导一些令你无法忍受的作为，也不能用偏激的语言说出来。毕竟人家是你的领导。如果你认为自己应该加薪，你可以以别人的待遇为参考，恰到好处地向领导提出你的要求。

在领导面前，不要太过于显露自己的雄心壮志，因为领导也有危机感，如果你把自己的雄心壮志表现得太明显，领导就会感觉你想另立门户了。试想，如果你是老板，你愿意亲手培养自己的对手吗？想明白这些，就能明白领导为何如此对你了。

谁都难免会有情绪不好的时候，领导也是人，自然也就不例外。其实，领导发火的时候未必真的想要一个解决事情的方法，他们有时只是为某件事情的不顺利寻找个机会宣泄而已，而令他们生气的事情也未必就是他们所说的事情。此时，你最好能心平气和地听领导把火气发完，等他消气后再去解释。

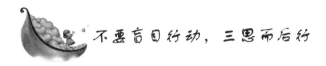

不要盲目行动，三思而后行

当你遇到问题一时难以决定怎么做时，先不要盲目行动，而应仔细地考虑一番，等到你对那个问题完全了解、对于解决方法也有了充分的把握之后，不妨再做决定。

做事的成败，往往取决于对实际情况的掌握程度，千万不要在事实还不允许做决定之前，便草率行事。在许多时候，遇事多考虑考虑，就能避免出现一些意想不到的差错。

曾国藩带湘军围剿太平军时，清廷对其有一种极为复杂的态度：不用这个人吧，太平天国声势浩大，无人能敌；用吧，一则是汉人手握重兵，二则曾国藩的湘军是其一手建立的子弟兵，怕对自己形成威胁。在这种指导思想作用下，对曾国藩的任用上经常是用你办事，不给你实权。苦恼的曾国藩急需朝中重臣为自己撑腰说话，以消除清廷的疑虑。

忽一日，曾国藩在军中得到胡林翼转来的肃顺的密函，得知这位精明干练的顾命大臣在慈禧太后面前推荐自己出任两江总督。曾国藩大喜过望，咸丰帝刚去世，太子年幼，顾命大臣虽说有数人，但实际上是肃顺独揽权柄，有他为自己说话，再好不过了。

曾国藩提笔想给肃顺写封信表示感谢，但写了几句，他就停下了。他知道肃顺为人刚愎自用，很有些目空一切的味道，用今天的话来说，就是有才气也有脾气。他又想起慈禧太后，这个女人现在虽没有什么动静，但绝非常人，以曾国藩多年的阅人经验来看，慈禧太后心志极高，且权力欲强，又极富心机，肃顺这种专权的做法能持续多久呢？慈禧太后会同肃顺合得来吗？

思前想后，曾国藩没有写这封信。

后来，肃顺被慈禧太后抄家问斩。在众多官员讨好肃顺的信件中，独无曾国藩的只言片语。

"三思而后行"救了曾国藩一条命。

有些人耻笑曾国藩做事总是"慢半拍"，赶不上点儿，其实不知，这正是大智大勇的表现。

在某个单位，那些真正努力工作的好职员很兴奋。原来，单位里调来一位新主管，据说是个能人，专门被派来整顿业务。可是日子一天天过去了，新主管却毫无作为。每天一到单位后，他就躲在自己的办公室里难得出门。于是，那些本来紧张得要死的"坏分子"，现在反而更猖獗了。

坏分子们窃笑：他哪里是个能人嘛！根本是个老好人，比以前的主管更容易"对付"！

几个月过去了，就在真正努力的好职员为新主管感到失望时，新主管却发威了——"坏分子"一律开除，能干者获得晋升。下手之快，断事之准，与几个月来表现保守的他，判若两人。

年终聚餐时，新主管在酒过三巡之后致词：

相信大家对我刚到任时的无所作为，以及后来的大刀阔斧，一定会感到很不理解。我现在给大家讲个故事，各位就明白了。

我有个朋友，买了栋带着大院的房子。他一搬进去，就将那院子全面清理，杂草树木一律清除，改种自己新买的花卉。某日，原来的房主来访，一进门就大吃一惊地问："那株最名贵的牡丹哪里去了？"

我的朋友这才发现，他竟然把牡丹当做杂草给铲了。

后来，他又买了一栋房子，虽然院子更加杂乱，但他并没有急于清理它。果然，冬天以为是杂树的植物，春天繁花似锦；春天以为是野草的，夏天花团锦簇；半年都没有动静的小树，秋天里却红叶满树。直到临冬，他才真正认清哪些是无用的植物，并统统铲除，同时使所有珍贵的草木得以保存。

说到这儿，主管举起杯来："让我敬在座的每一位，如果咱们办公室是一个花园，那么，你们就都是其间的珍木，珍木是不可能一眼就能看出来的，只有经过长期的观察才认得出来！"

当你不能准确判断谁是努力工作、谁是敷衍了事、谁是混日子的人时，且慢做决定，否则难免会"错杀"好人。

 ## 帮你消除忧虑的方法

你是否需要一个能尽快帮你消除忧虑的方法？其实，这种方法是如此的简单，以至于你只要看几页相关书籍，立刻就能付诸实践。

如果你回答"是"，那么请允许我介绍这个由威利·卡瑞尔创造的方法。卡瑞尔是个聪明的工程师，是他一手开创了空调制造业，并建立了著名的卡瑞尔公司。当我们在纽约的工程师俱乐部共进午餐时，他亲口向我传授了这个方法。

"当我还年轻时，"卡瑞尔先生说，"我在纽约的水牛钢铁公司工作。一次，我被派到密歇根州水晶城的匹兹堡玻璃公司去安装瓦斯清洗器。那是一种新型机器，十分精密。当时我们费了好长时间，经过精心调试，又克服了许多意想不到的困难，才总算使机器运转了起来。然而，经过测试，这机器的性能不能达到我们预期的指标，我们失败了！我十分郁闷，像挨了当头一棒一样，连胃也疼了起来，整夜无法入睡。几天后，我意识到忧虑并不能解决问题，于是便静下心来寻找一个适用的方法。最终，我成功了！这套方法让我终身受用。"说到这，卡瑞尔先生笑了，问我："是不是很想知道呢？其实很简单，这个方法适用于任何人。它总共有三个步骤：

1. 我客观地分析自己可能面对的最坏的结果。如果失败的话，老板会损失两万美元，我则可能丢掉工作，但至少不会有人来枪毙我。

2. 我要求自己接受这个最坏的结果。我对自己说，因为这件事，我一向良好的信誉可能会出现污点，但我还能去找份新工作。至于我的老板，他只需付两万美元就能解决问题。对他来说，这大概就像是交纳实验费。

接受了最坏的结果后，我反而轻松下来了。几天来，我第一次感受到了久违的平静。

3. 我开始集中精力，节约时间，投入到工作中去。尽自己最大的努力来改变可能到来的最坏的结果。我尽量想出各种补救方法，减少损失的数目。经过几次试验，我发现如果再花费 5000 美元买一些辅助设备，问题就能得到解决。于是，我就那么做了。结果，公司不但没有损失那两万美元，反而净赚了 1.5 万美元。

如果我当时一味地只是担忧，而不去解决实际问题的话，恐怕就丢掉了那份工作。忧虑的最大坏处就是：它会毁掉一个人的能力，使人思维混乱，丧失信心。但当你坦然面对最坏的结果时，你反而可以集中精力去寻求成功的方法。

这件事已经过去了 30 多年了，直到今天，这个方法仍然十分有效，我多年来也一直遵循它。现在，我生活中无谓的烦恼大大减少了，我能更专心致志地投入到工作中去。"

那么，为什么卡瑞尔的方法这么有实用价值呢？从心理学上来说，它能够把我们从自怨自艾的灰雾中解救出来，让我们脚踏实地。当我们被忧虑的情绪所包围时，又怎么能缜密地思考呢？

可是，生活中还有成千上万的人因为忧虑最终毁了自己的生活，因为他们拒绝面对最终的结果，从而也就无法尽可能地自救。他们不但无法重新构建自己的大厦，反而成了忧郁病的牺牲者。

因此，如果你为忧虑所困，就应用威利·卡瑞尔的万能公式，去做下面三件事：

1. 问问自己：最坏的情况是什么？
2. 如果无法避免，就说服自己做好准备去迎接它。
3. 冷静下来，想想你是否能够改变这个结果。

忧虑的最大坏处就是：它会毁掉一个人的能力，使人思维混乱，丧失信心。

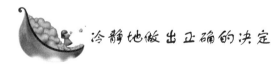

冷静地做出正确的决定

格兰是个非常成功的美国商人。1942 年，日军侵入上海时，格兰先生正在中国。他的日记中有一节是这样写的：

日军轰炸珍珠港后不久就占领了上海。我当时是上海亚洲人寿保险公司的经理。日军派来一个所谓"军方的清算员"——实际上他是个海军上将，命令我协助他清算我们的财产。我一点办法也没有，能做的就是要么和他们合作，要么就是死路一条。

我不得不遵命行事，因为别无他法。不过有一笔大约75万美元的保险费，我没有填在那张要交出去的清单上，因为这笔钱是被用于我们的香港公司，跟上海公司的资产无关。但不久他们就发现了这件事。他们发现的时候我正好不在办公室，而我的会计主任在场。后来，他找到我，告诉我说那个日本海军上将大发脾气，拍桌子骂人，说我是个强盗，是个叛徒，说我侮辱了日本皇军。我知道这是什么意思，我知道自己会被他们抓进宪兵队去。

宪兵队，就是日本秘密警察的行刑室。我就是自杀也不愿意被送到那个地方去。我有些朋友在那里被审训了10天。受尽苦刑，惨死在那个地方。现在我自己也要进宪兵队了。

星期天下午听到这个消息后，我非常紧张。多年来，每当我有烦恼的时候，总坐在打字机前，打下两个问题及其答案。那两个问题是：第一，我担心的是什么？第二，我该怎么办？

过去我都不能把答案写下来，只在心里琢磨。后来我发现同时把问题和答案写下来，能使思路更加清晰。因此，在那个星期天的下午，我直接回到上海基督教青年会的住处。取出我的打字机，打下：第一，我担心的是什么——我怕明天早上会被关进宪兵队里。第二，我该怎么办呢？我花了几个小时去思考第二个问题，并写下了四种可能采取的行动以及后果：

1. 我可以去向日本海军上将解释。可是他"不懂英文"，如果找个翻译来跟他解释，会使他更加恼火，我就只有死路一条了。

2. 我可以逃走。但实际上，这点是不可能的，他们一直在监视我，如果打算逃走的话，很可能被他们抓住直接枪毙掉。

3. 我可以留在房间里不再去上班。但如果我这样做，那个海军上将很可能会起疑心，也许会派兵来抓我，进而根本不给我说话的机会就把我关进宪兵队了。

4. 星期一早上，我照常上班。那个海军上将可能已经忘掉了那

51

件事。即使他还记得，也可能已经冷静下来，不会再找麻烦。即使他来找我，我仍然还有机会解释。

我思前想后，决定采取第四个办法——像平常一样在星期一早上去上班。做出这个决定后，我松了口气。第二天早上我走进办公室时，那个日本海军上将就坐在那儿，叼着香烟，像平常一样看了我一眼，什么话也没说。六个星期后，他被调回东京，我的问题就这么解决了。

这完全归功于那个星期天下午，我坐下来写出各种不同的情况及其后果，这个举动让我能冷静地做出正确的决定。如果我当时迟疑不决、心乱如麻，就会在紧要关头走错一步。仅是满面惊慌和愁容就可能引起那个日本海军上将的疑心，促使他采取行动。

越是紧急的事件，越要避免冲动，因为"急中出错"的机率，要远远大于"急中生智"。

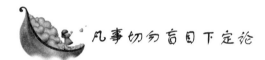 凡事切勿盲目下定论

1830 年，法国"七月革命"爆发，在经过 3 天的暴乱后，老迈的政治家塔里兰站在他巴黎住宅的窗边，聆听宣告暴动结束的响亮钟声，之后，他回头对一名助手说："噢，听那钟声！我们赢了！"

"我们是谁？"助手问。

他做了个保持安静的手势回答："别说话！明天我会告诉你'我们'是谁。"

他清楚地了解，只有傻子才会急急忙忙确定自己的立场——过早地依附某一方，会使自己丧失机动性和主动权。

凡事切勿盲目下定论。如果让别人觉得他们都能够支配你，你就会失去影响力。保持一定的距离，就会增加他们的注意力，从而使自己获得更高的威望。

当你保留自己独立的立场时，不但不会激起愤怒，反而会受到尊敬，会使自己看起来比较有权势，因为你让别人无法掌握。你不

像绝大部分人那样，屈从于团体或关系。随着你独立的名声逐渐响亮，就会有越来越多的人想要拉拢你，希望你加入他们当中。

一旦将自己的行为和思想确定下来，你的魅力就会消失殆尽，就会变得跟其他人没什么两样。通常，人们试着用各种各样的手段，想让你依附于他们。他们会送你礼物，给予你许多恩惠……这一切都是为了留住你。一开始，你应该鼓励这样的关注，激发他们的兴趣，但又要不惜任何代价保持独立。

当冲突爆发时，人们会倾向于靠拢较强的一方或者是以明显的利益诱惑你结盟的一方。注意！这可是一项危险的交易。

因为，一开始就想预测哪一方会获得最终的胜利，往往是很困难的。而且即使猜对了，与较强的一方结成联盟，你也会发现自己最终会一败涂地——胜利者会把你一脚踢开，所谓"兔死狗烹"。历史上的教训屡见不鲜。

如果与力量弱的一方站在同一阵线上，危险性更大。

所以，你一定要懂得这个生存的哲学，以免得到一滴水而失去了一片海，或者让自己处于被动的境地。

当你保留自己独立的立场时，不但不会激起愤怒，反而会受到尊敬，会使自己看起来比较有权势，因为你让别人无法掌握。

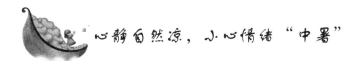

心静自然凉，小心情绪"中暑"

如果你自己观察，可能会发现自己的家人或者同事，当季节变化的时候，其情绪也会有所改变。当生机勃勃的春天到来时，当落英缤纷的秋季到来时，当银装素裹的冬天到来时，人们的情绪变化不大，而一年四季中的另一个季节——夏季到来时，很多人就会变得脾气渐长，不但身边的人有明显的感觉，自己也会有所意识。家庭里会因此感觉在夏天与自己朝夕相处的爱人变得陌生，并因此出现一系列家庭问题。工作中，有些同事每到夏天也会出现性格上周期性的重大变化，稳重的性格突然之间变得焦虑、宽容、狭隘，造

第四章　冷静是克服冲动的法宝

成同事关系的紧张，工作效率变得低下。

从事医学心理研究的专家通过研究表明，人的情绪、心境和行为与季节变化有关。在炎热的夏季，大约有 10% 的人会出现情绪、心境和行为的异常，这就是"心理中暑"，医学心理上称为"夏季情感障碍"。

那么，具体来说，"心理中暑"包括哪些方面呢？情绪烦躁、思维紊乱、爱发脾气、容易忘事、心境低落等都属于心理中暑的范畴。患有心理中暑症状的人通常对什么事情都不感兴趣，甚至对亲人都缺乏热情。这些是因为在炎热的夏季人的睡眠和饮食量有所减少，加上出汗增多，使人体内的电解质代谢出现障碍，影响到人的大脑神经活动从而产生情绪、心境、行为方面的异常。

研究数据表明，在正常人群中，约有 16% 的人在夏季会发生"情绪中暑"，尤其是气温超过 35℃，日照超过 12 小时，湿度高于 80% 时，情绪中暑的比例会急剧上升。"情绪中暑"表现为以下三个症状：一是情绪烦躁不安，不能静心思考问题，办事经常丢三落四，常因微不足道的小事与他人闹意见，自己还觉得内心烘热，头脑糊里糊涂；二是心境低落，对什么事情都不感兴趣，觉得生活过得没劲，对他人缺乏应有的热情，呈早晨、下午、晚上三个时间段由好到坏的变化；三是行为古怪，经常会固执地重复一些生活动作，如反复洗澡、洗脸、洗手和擦洗鼻子等。

英国伦敦某著名精神疾病研究所研究了 11 年间日平均气温与日平均自杀率的关系，在这 11 年里，英格兰和威尔士发生了 53623 例自杀案件，平均每天发生 13 例。而气温超过 18℃ 的则有 222 天。结果他们发现，一旦日平均气温超过 18℃，自杀的人数就有所上升。

古人说："调息静心，犹如兆雪在心。"在炎热的夏季，我们切不可"以热为热"，一味地抱怨天气。所谓心静自然凉。《黄帝内经》里有专门论述，夏季"更宜净心调息，常如冰雪在心，炎热亦于吾心少减。不可以热为热，更生热矣"。故越是天热，越要心静，遇事戒躁戒怒，心平气和。

为了避免"心理中暑"，可以采取自我调节的方式：一是要宣泄，宣泄不是找人吵架，而是找人说出心中的烦恼，要和外界多交流、要和家人多聊天，这是减负。二是多活动，做一些自己喜欢的体育运动，把心里的火发散出来。三是要自找愉悦，寄情于山水之间，宁静的自然情景可以更好地调节情绪。

想要外出活动活动时，应趁曙光初照、空气清新的早晨，到公园等草木繁茂、空气新鲜处散步锻炼，吐故纳新。还可选择凉风习习的傍晚，漫步徜徉于江边湖畔，会使人们心静似水，心旷神怡。另外，早睡早起、充足的睡眠有助于避免"情绪中暑"症状的发生。

最新研究表明，吃肉多会让人的情绪不好。气温超过35%：时，人因出汗多会使血液黏稠度升高，烦躁不安，此时吃肉脾气更坏。因此炎热的夏季吃肉应加以限制。

运用环境心理学的原理，我们还可以采取视觉生凉法，即通过视觉效果来达到清凉惬意的体验。夏天如果阳光太强，直接射入室内时，可以放下窗帘，如果直接在阳光下作业时，也可以用墨镜之类的有色遮掩物转换其耀眼的光芒，使其成为绿色、蓝色等柔色调以让人悦目爽心舒身。夏季的居室要尽量做到空旷，不必放多余的东西。特别是一些家用电器，如电视、微波炉等，本身就要产热，万不得已最好不要放在居室里。

此外还可运用想象法，即意境生凉法，就是调动自己的想象力，把原本处在夏季的身体，带到凉爽的意境中，通过心理暗示，使身体产生凉爽的感觉。比如你可以想象九寨沟的清泉绿水，想象南极洲的冰雪天地，想象珠峰之顶的蓝天皑雪……随着这些意境的不断展现，身体凉快的爽感也随之产生。

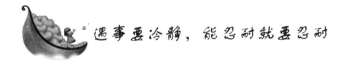

遇事要冷静，能忍耐就要忍耐

遇事要冷静，能忍耐就要忍耐，否则小事就会酿成大灾。

古时，在长州有一个姓尤的老头，开了三家当铺。年底某天，忽听门外一片吵杂声，出门一看，原来是位客人前来取典物。站在柜台里的伙计说："他将衣服压了钱，今天空手来取，不给他就破口

第四章　冷静是克服冲动的法宝

大骂，有这样不讲理的吗？"那人仍气势汹汹，不肯相让。尤翁从容地说："我明白他的意图，不过是为了度年关。这种小事，值得一争吗？"于是命伙计找出典物，共有衣物蚊帐四五件。尤翁指着棉袄说："这件衣服抗寒不能少。"又指着道袍说："这件给你拜年用。其他东西暂不急用，可以留在这儿。"那人拿到两件衣服后，无话可说，立刻离去。

当天夜里，他竟死在别人家里。他的亲属同那家人打了一年多的官司。原来此人因负债累累，无力偿还。知道尤家富，便事先服毒，前来寻衅滋事，想敲诈一笔钱。结果一无所获，就转移到另一家。

有人问尤翁，为什么能预先知情而容忍他，尤翁回答："凡无理来挑衅的人，一定有所依仗。如果在小事上不忍让，那么灾祸就会立刻到来。"人们听了这话很佩服他的见识。

"忍让"主要是指正确地对待个人利益，正确处理与他人的关系。它还是一种思想修养的境界，是明晓事理，乐观豁达的人生态度。如果尤翁与那人不相让，争执起来，那后果可想而知。

身处险境之时，一定要学会审时度势，分清现实。在不利的时候，不要强出头，要学会忍耐。

武则天在位期间，左台中丞来俊臣恃宠肆意捏造罪名，陷害忠良。他还大兴刑狱，专用酷刑逼供。朝中群臣畏其权势，敢怒而不敢言。

一次，来俊臣一时兴起，又罗列了一些罪名，上书诬告狄仁杰、任知古、魏元忠等七位大臣谋反。为使这七人尽快认罪，他还奏请武则天下令：若这七人中，一经审问即承认犯有谋反罪行、态度较好者，可以赦免死罪。

武则天准奏，命来俊臣负责审讯。来俊臣得意洋洋，待狄仁杰等七人一入狱，他就借此命令引诱他们认罪，还假惺惺地说："识时务者为俊杰。诸位可要看清形势，如今太后在位，皇恩浩荡，你们若承认有罪，太后就会网开一面，饶过你们的死罪。如若顽固不化，可别怪本官的刑罚无情。"

狄仁杰早就知道来俊臣心狠手辣，落入他手里的，没有几个能全身而退。他想：我们这几个人都是清白无辜的，却被来俊臣诬陷。来俊臣是太后面前的红人，现在自己是没有机会澄清罪名了。而且来俊臣是有名的酷吏，他想出来的刑讯手段，残忍无比。如果一味争辩，坚持自己是清白的，恐怕会被他的酷刑害死，那样可就永无伸冤昭雪之日了！不如先隐忍认罪，保住性命，逃过来俊臣的毒害，日后再找机会向武则天伸冤。于是，当来俊臣对他开始审讯时，狄仁杰即从容说道："周朝既立，奉天承运，气象日新，我乃李唐旧臣，难奉新主，谋反是实，甘愿一死。"来俊臣听后哈哈大笑："狄仁杰老儿，你堂堂大理寺卿，未及施刑便乖乖招供，想必早已听说我来某的厉害了吧？"

一同受诬陷的几位大臣似乎心有灵犀，除了魏元忠之外，一律即刻服罪。来俊臣也未便施刑，只得将他们收押在监，听候处置。

一天，狄仁杰瞅准机会，乘狱卒不备，从被子上撕下一片布帛，然后用力把手指咬破，蘸着血，在布帛上写下了自己的冤情。写好之后，悄悄地把它塞在棉衣里面。等狱卒来送饭时，他把棉衣交给那狱卒，说："天气热了，烦劳你把我的棉衣转交给我的家人，让他们替我拆洗拆洗吧！"狱卒也不怀疑，点头同意了。

狄仁杰的家人拿到狱卒送来的棉衣，拆时发现了藏在里面的血书，家人一看就明白了狄仁杰的用意，连忙让狄光远（狄仁杰之子）带上血书，进宫求见。见到武则天后，狄光远把父亲的血书呈上，又详细叙述了得到血书的经过。

第二天下午，武则天将狄仁杰等七位大臣召人宫中面询。大臣们一见女皇便纷纷跪倒，其中一名老臣当即泪如雨下。

武则天来到狄仁杰身边，问道："你既已服罪，为何还让人送信鸣冤？"

狄仁杰说："臣等若不服罪，恐怕今天就见不到陛下了。"武则天看罢血书，又传讯了来俊臣，获知狄仁杰等人是被诬陷的，在不得已的情况下才承认有罪的，于是便赦免了他们。

古代名人都注重气节，如果平白受冤就会勃然大怒，据理力争。倘若遇见清官还好，遇见来俊臣这种酷吏，奋力抗争只有死路一条。狄仁杰隐忍认罪，为的是找机会申诉自己的冤情。

第四章　冷静是克服冲动的法宝

57

俗话说得好"留得青山在，不怕没柴烧"。官场如同战场，稍有差池，就可能带来毁灭性的灾难，轻则丢掉乌纱，重则性命难保。所以在身处险境之时，一定要学会审时度势，分清现实。在不利的时候，不要强出头，要学会忍耐。所谓忍一时风平浪静，退一步海阔天空。为了一时的意气或者愤怒给家人带来灾祸，就很不值得了。

忍一时风平浪静，退一步海阔天空。

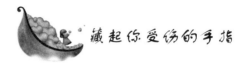

藏起你受伤的手指

有一只小鸟在冬天即将来临之际准备飞到南方过冬。然而，突降的寒流让尚未做好准备的小鸟仓促远行。刺骨的寒风冻僵了它的翅膀，它重重地摔在了一座农场的空地上。

还没等满眼冒金星的小鸟缓过神来，正在旁边吃草的一头奶牛"哗"的一声在它的身上拉了一泡臭屎。小鸟心里在想："唉，这下完了。"但是，令它怎么也想不到的是，温暖的牛屎渐渐融化了它冻僵的躯体，两只僵硬的翅膀也可以扑腾几下了。

小鸟觉得全身暖洋洋的，好像不是躺在一堆屎里，而是沐浴在清新的温泉当中，于是它欢快地唱起了歌。

正在此时，一只大猫正好从农场走过，它听见小鸟的鸣叫，便顺着声音走到了屎堆前，看见了正在自鸣得意的小鸟，于是一口就把它吞进了肚子里。

当你躺在粪堆里的时候，最好把嘴巴闭上。不管这个粪堆是稍稍改善了你的处境还是将你陷入更加窘困的境地，粪堆毕竟是粪堆，即使对你有所帮助，也不值得你庆幸。

同样的，不是每个往你身上拉屎的人都是你的敌人；也不是每个把你从粪堆里拉出来的人都是你的朋友。必要的时候，确切地说，在你的生活脱离常态的时候，把你受伤的手指藏起来，否则它就会四处碰壁。不要告诉别人你的手指受伤了，恶人们总是在找你的弱点和受伤的地方。

张华是一个漂亮而活泼的女孩，可她那张嘴透明度太高了，心里根本藏不住事儿。

自从她来到这个单位后，她的好事、坏事几乎都给我们曝了个光。有段时间，张华的运气不太好，她一到单位就向我们大倒苦水。就这样，她的那点溴事经过大家的口耳相传，公司里没有人不知道的。

于是，就有些无聊的人跑来当面问她，在张华阐述一番自己的霉运后，来人就装模作样地嘘声叹气一番后，满足地离开了。而茶余饭后，张华就成了这些人的谈资。因了她的那点事被人传来传去的，很多人对她的印象也不好了。

而张华却不明就里，仍像往常一样心里有了屁大的事儿就往外倒。

其实，那些个人隐私的事，千万不要乱说，免得人家背后嚼舌头。总有一天张华这张嘴会让她吃大亏。

要学会藏起你受伤的手指，有些秘密是不能让别人知道和分享的。如果你把某些秘密告诉别人，可能会在大家的相互诉说中变了味，这对你造成的影响是极不好的。而有些人在知道你的秘密后会嘲弄你，甚至有些人知道你的秘密后，会把它作为要挟你的工具，那最后遭殃的定是你。

当对于自己的某种想法、某件事情，有必要保密时，你一定要耐得住孤独，绝不向他人吐露；当他人问及时，能够婉言谢绝。也就是说并不是所有的秘密都能与别人分享，坦诚并不意味着别人要把内心世界的一切都暴露给你，也不意味着你要把内心世界的一切都暴露给别人。每个人都有秘密，这是正常的，必要的时候，一定要藏起自己那根受伤的手指。

第五章　不要为一点小事而冲动

　　生活中遇到能引起你发怒的刺激时，应当力求避开，眼不见，心不烦，怒便去了一半。这是自我保护性的制怒方法。

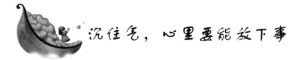

沉住气，心里要能放下事

生活中不管发生什么事都能沉住气、稳住神，这是一种修炼、一种涵养、一种能力，更是一种实用的和理智的对待现实的态度。处事不惊和处变不惊能使我们冷静地思考问题的解决方法，这样的人往往能够成为强者和快乐的人。所以，要想活得旷达安然，就要有一种任凭云卷云舒、我自安然信步的胸怀。

传说，渤海国宰相去世的时候，国王想从两个同样优秀的年轻大臣中选择一人做宰相。国王把他们俩留在宫中，分别让人告诉他们："祝贺你，明天国王将宣布你做宰相！"

然后，国王命人带他们去各自的房间睡觉，然后，国王躲在隔壁仔细观察两人的动静。其中一个人，内心过于激动，一夜未眠。而另一个人走进卧室不久，便静静地睡去，不时有鼾声传出，直到第二天仆人把他叫醒。

能静静入睡的那位大臣当了宰相，而一夜未眠的那位落选了。

国王说："一听说要当宰相就激动得睡不觉的那位，说明他心里放不下事。当宰相，就要有腹中能撑船的度量。"

事实也正像这位国王说的一样，心里放不下事，一有事就焦躁不安，担心事态不知向何处发展，总猜测是好事还是祸事，有利于己还是有损于己——这样的人是做不成大事的。

处事不惊和处变不惊能使我们冷静地思考问题的解决方法，这样的人往往能够成为强者和快乐的人。

一个人想处理掉自己工厂里的一批旧机器，他在心中打定主意，在出售这批机器的时候，一定不能低于 50 万元。

在谈判的时候，有一个买主针对这台机器的各种问题，滔滔不绝地讲了很多缺点和不足。但是这个工厂主一言不发，一直听着那个人口若悬河地讲个不停，到了最后，那位买主再也没有说话的力气了，突然说出一句："你这批机器，我最多只能给你 80 万元，再

多的话，我们可真不要了。"

于是，这个工厂主轻易地多赚了 30 万元。

长时间的沉默会给人造成极大的心理压力。因为人性是排斥黑暗和沉默的，沉默使人感到没有依靠，有的时候真的可以让人为之疯狂，常常使人沉不住气。

许多心理战的高手经常利用"沉默"这一策略来击败对手。他们可以制造沉默，也有方法打破沉默，他们往往以此达到目的。

沉默并不是简单地指一味地不说话，而是一种成竹在胸、沉着冷静的姿态，尤其在神态上表现出一种运筹帷幄、决胜千里的自信，以此来逼迫对方沉不住气，先亮出底牌。如果你神态沮丧，像霜打了的茄子一般，只能是自讨苦吃了。沉默只是人们表达力量的一种技巧，而不是本身就具有的优势力量。

静者心多妙，超然思不群。沉不住气的人在冷静的人面前最容易失败，因为急躁的心情已经占据了他们的心灵，他们没有时间考虑自己的处境和地位，更不会坐下来认真地思索有效的对策。在最常见的讨价还价中，他们总是不等对方发言，就迫不及待地提出建议价格，最后让别人钻了自己的空子。

沉不住气的人在冷静的人面前最容易失败，因为急躁的心情已经占据了他们的心灵，他们没有时间考虑自己的处境和地位，更不会坐下来认真地思索有效的对策。

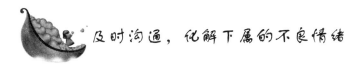

及时沟通，化解下属的不良情绪

任何一个企业里，上司和下属之间都难免会产生磕碰、摩擦和误会。作为员工当面也不能和上司起冲突，一直闷在心里就会有心事，就会产生一种想找人谈谈的"倾诉欲望"。如果"倾诉欲望"得不到满足，就会转化为一种不满情绪。如果不及时释放不满情绪，就会升级为强烈的不满，最终可能会引起一些事端。

其实，下属会对上司甚至企业产生一些不满情绪是很正常的。

第五章 不要为一点小事而冲动

一方面是因为上司是管理者，面对的是众多的下属、客户，特别是老板，就更要面对非常复杂的社会和上级机关的众多部门，接触联系广泛，工作千头万绪，容易浮动焦躁，工作中出现偏差在所难免；另一方面是因为员工工作任务繁重，信息输入量相对单一，大多只和自己的业务方面接触较多，思考问题常从自己的角度出发，也难免出现偏颇。

但是，好的上司和好的老板应善于发现下属的不满。比如，当有下属表情严肃不爱理人时；当有下属工作消极背后嘀咕时；当有下属越过你向上级反映问题时；当有下属直接找你理论时。这些情况下，你应该善于自我反省，发现自己的不足。

好的领导和好的老板应善于及时与员工沟通，化解下属的不良情绪。沟通时的态度应是诚恳的，从而找出他不满的原因或者能帮助员工分析之所以产生不满情绪的原因。如属自己的问题，要放得下架子主动作自我批评，并诚恳地分析自己失误的主客观原因，求得员工谅解。如属员工认识上有问题，要客观公正地加以分析和解释，千万不要简单粗暴地批评责怪讽刺挖苦员工。如员工一时还不能体会你的用意，也切忌焦躁，多从员工的角度去思考问题。

总之，好的上司和老板应该经常和下属沟通，了解下属的需求，化解下属的不满，这样才能建立良好的公司氛围。

关于上司和下属的矛盾处理问题，我们来看看下面这个案例：

很多年前，在美国，有一位石油公司的高级主管作出了一个错误决策，使该公司一下子损失200多万美元。当时这家公司的老总正是大名鼎鼎的洛克菲勒。公司损失后，主管人员唯恐洛克菲勒先生将怒气发泄到自己头上，就设法避开他。

爱德华·贝德福德是这家公司的合伙人，有一天他走进洛克菲勒的办公室，发现这位石油帝国老板正伏在桌子上在一张纸上写着什么。

"哦，是你？贝德福德先生。"洛克菲勒说，"我想你已经知道我们的损失了。我考虑了很多，但在叫那个人来讨论这件事之前，我做了一些笔记。"

原来，那张纸上罗列着某先生一长串的优点，其中提到他曾三次帮助公司作出正确的决定，为公司赢得的利润比这次的损失要多得多。

之后，贝德福德感慨道："我永远忘不了洛克菲勒处理这件事情的态度。以后这些年，每当我克制不住自己，想要对某人发火时，就强迫自己坐下来，拿出纸和笔，写出某人的好处。每当我完成这个清单时，自己的火气也就消了，就能理智地看待问题了。后来这种做法成为了我工作中的习惯，好多次它都制止了我的怒火，如果我不顾后果地去发火，那会使我付出惨重的代价。"

最后还有一点，就是在我们控制住冲动的情绪后，还要重新思考，努力打开心结，为什么会有冲动的情绪，为什么自己不能从一开始就看开点，为什么不能很好地控制情绪，这样才能从源头遏制愤怒。

一位深谙职场心理学的专家这样表示：上级同下级说话时，不宜作否定的表态："你们这是怎么搞的？""有你们这样做工作的吗？"在有必要发表评论时，应当善于掌握分寸。点个头、摇个头都会被人看作是上级的"指示"而贯彻下去，所以，轻易的表态或过于绝对的评价都容易失误。例如一位下级汇报某改革试验的情况，作为领导，只宜提一些问题，或作一些一般性的鼓励："这种试验很好，可以多请一些人发表意见。""你们将来有了结果，希望及时告诉我们。"这种评论不涉及具体问题，留有余地。如上级认为下级的汇报中有什么不妥，表达更要谨慎，尽可能采用劝告或建议性的措辞："这个问题能不能有别的看法，例如……""不过，这是我个人的意见，你们可以参考。""建议你们看看最近到的一份材料，有什么启发？"这些话，起了一种启发作用，主动权仍在下级手中，对方容易接受。

由此看来，作为领导，当发现下属有什么疏漏时，尽量要用温和的态度来对待。这不仅是一个领导的风范之举，更是避免和下属产生不快，从而对工作形成不利影响的良好策略。

65

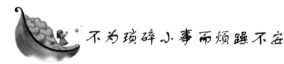

不为琐碎小事而烦躁不安

生活中遇到能引起你发怒的刺激时，应当力求避开，眼不见，心不烦，怒便去了一半。这是自我保护性的制怒方法。

如果在生活中一些琐碎的事情使你老是烦躁不安，你最好是休息一下，或是出去散散心，或者至少你要找出使你烦躁的原因，然后想法解决。

大银行家斯提尔曼，一次很严厉地痛骂银行里的一个高级职员，这位可怜的职员站在他面前，他坐在写字台后，板着面孔，一支铅笔在他的指间穿梭，一上一下不停地在桌上敲着。他就这样，不动也不换声调，用一种冷嘲热讽的口吻，对着这个职员痛骂着。最后的几句话尤为尖酸刻薄，以至于那不幸的职员吓得发抖，一句辩解的话也不敢说。

这次的痛骂，是当着一个客人的面。那客人觉得太可怕了，于是忍不住说出来："斯提尔曼，我一生中从没有看见过像你这样粗暴的人。这个人在你银行里身居重要的职位，而你当着客人的面侮辱他！假如他马上用刀把你刺死，我都不会觉得稀奇！一个人不能如此对待别人，或是任自己这样放纵。我想你的神经几乎要崩溃了，不能再呆在办公室里了！"

斯提尔曼听了静默不动，他的脸色潜伏着愤怒，手中的铅笔还是不断地在桌上敲着，那客人等了一会儿之后，便走了。

当斯提尔曼冷静下来后，他认识到为了一点小事情而在客人面前训斥自己的员工，不但起不到教育的效果，而且员工还会因为在陌生人面前丢了"面子"而更仇恨自己，这样就违背了自己的初衷。更重要的是，自己为了一点小事在客人面前生气，暴露了自己缺乏修养的一面。客人从此以后也不会与自己有生意上的往来了。认识到这些后，斯提尔曼对自己刚才的冲动行为非常后悔，但一切都已无法挽回了。

我们还可以看到超市收银员被上司骂了一顿后，板起脸把顾客的东西乱扔进塑料袋里，结果遭到投诉；一个出租车司机因为跟老婆吵架，不管三七二十一猛踩油门，一天就收到了四张罚单；你也可能因为电脑断线或提款卡被吃掉而跟男朋友或女朋友吵架……

上面这些事情，也许在你我身上也发生过。事后，你是不是也很后悔？但一切都晚了。当我们为一些小事而"大动干戈"时，就已经注定我们要为自己的冲动付出代价。

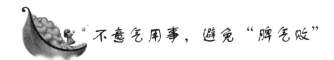

不意气用事，避免"脾气败"

失败有多种，其中一种就是因为控制不了自己的脾气、意气用事而导致的失败。这种失败，就是"脾气败"。

香港德隆公司的销售经理阿江因对市场判断失误，给公司造成了 1000 万美元的损失。羞愧懊悔的阿江随即向董事长提出辞职，以示谢罪。

如果你是德隆公司的董事长，你会怎样处理此事？

或许你大度，或许你睿智，但我敢说大多数人会火冒三丈，严厉指责阿江的过失，并做出开除阿江的决定。这样做有什么好处呢？或许能收到杀一儆百的效果，或许能削弱你心中的忿忿之气，但这样做的结局于事无补，因为损失已成定局不能挽回。

德隆公司的董事长解世龙当着阿江的面把辞职信一撕两半，扔进了垃圾桶，并笑着对他说："你在开什么玩笑？公司刚刚在你身上花了 1000 万美元的培训费，你不把它挣回来你别想离开。"

阿江闻听此言，大出意外，立即化羞愧为奋发，变压力为动力，在随后的一年时间内，为公司创造了远远多于 1000 万美元的利润。

解世龙是明智的人，面对下属的失误，他既看到了公司的损失，也看到了事业发展的潜力。他压住自己的坏情绪，用思想工作来挖掘这种潜力。

如果说解世龙是转败为胜，那么意气用事的那些人便是一败再

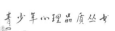

败。这种失败，说到底就是"脾气败"。

一个人在心澜难平，或者怒涛汹涌时，是很难做出理性的判断，采取明智的行动的，这就造成了"脾气败"。富兰克林曾说："事情常常从愤怒开始，以羞辱结束。"人之心理就像一面湖水，波浪起伏的水面，无法映出任何影像。但是静止的水，却犹如一面镜子，不但能映出周围的高山、树林，甚至连天空中飘动的浮云也能看得一清二楚。如何保持心静如水，是一种极高的修养，这种修养会使一个人时刻避免"脾气败"，从而踏平坎坷，消除灾祸，转败为胜，走向辉煌。

如何保持心静如水，是一种极高的修养，这种修养会使一个人时刻避免"脾气败"。

魏某与重庆人陈某同在成都一家洗车场共事。一次，当陈某擦完一辆丰田车后，作为领班的魏某检查发现车尾没有擦干净，于是让陈某重新擦。两人因此发生口角，陈某冲进厨房拿出一把菜刀，将魏某的右手大拇指砍断。

这样的事例听来不能不叫人咋舌。为了区区一点小事，竟然和同事大动干戈。可是仔细想想，除了当时感觉出了那口"恶气"外，又能起到什么作用呢？

宋琳丽在一家企业担任出纳，一次，由于办公室电话线路故障，她只好去旁边的办公室借用电话，进去后发现一共两个电话机，就问旁边的同事，哪个是内线。那位同事正坐在电脑前，但没说话。宋琳丽以为她没听见，就用一个指头戳了一下她的肩膀，说："问你呢！"——绝对不是那种气势汹汹的口气，因为她们平时打交道，说话都比较随便。但这次，让宋琳丽没想到的是，那位同事一下子站起来，瞪着眼就开始骂她。宋琳丽一气之下，两个人竟然动起手来。

很多时候，工作场合中发生矛盾往往是一时情绪过激导致的，如果能够稍微冷静一点，可能就会避免不愉快。但如果处理不当，就会造成严重的冲突，恶化彼此的关系。

张某与黄某是老乡，均在塘沽一家木业公司做临时工。因工作中的小矛盾，某晚，张某趁黄某在职工宿舍上厕所时，纠集两名男子对其一阵拳打脚踢，十几分钟后三人离开。3分钟后，张某三人又

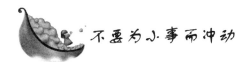

返回对黄某继续殴打，直到黄某的表姐闻讯赶来并报警，张某等人方才离开。

随后，黄某被送往医院救治。经诊断，黄某为重度颅脑外伤，左额等处血肿，并伴有蛛网膜下腔出血，属重伤，后转入原籍医院继续治疗。4个多月后，黄某因多脏器功能衰退在原籍死亡，张某等人也被塘沽警方抓获归案。

绝大多数发脾气、斗脾气者的结局，往往是不妙的，不是败事，就是情亡，更甚者还可能会像上述案例中这样发生暴力，甚至损伤性命。因此，许多人这样评价善发脾气者："脾气来了，福气走了。"这话虽然难听或不中听，但事理的确如此，它给人以深刻的启迪。

不要为小事而冲动

疯狂不是一个好兆头，即使你是一个球迷或歌迷。疯狂即意味着失去理智，而一个失去理智的人，怎么说也不能算是一个正常的人。更重要的是，不要为小事疯狂。

我们大都能勇敢地面对人生巨大的灾难，却常常被微不足道的小事击溃。

一位将军发现，他的部下们可以忍受零下30摄氏度的酷寒，对诸多危险困难也能平心静气地去面对，但有时为了一点小事却闹得不可开交。他说："两个人并枕躺在床上天南海北地谈着，突然之间双方默不做声了，原因只为互相怀疑对方侵入了自己的睡觉场所。另有一个战士，每当与一个细嚼主义者（每次进食咀嚼20次以上）同席进餐时，食物竟不能下咽。"

婚姻生活不幸的原因，大都缘于生活的琐事。一半以上的刑事案件，都是由于微不足道的小事：在酒馆耍威风、家务事的争吵、侮辱性的言词、不礼貌的举动、说别人的坏话而引起的报复……世上一半的仇恨积怨，其原因亦在于被轻蔑、自尊心虚荣心受损这类的小事。

许多生活琐事的烦恼都与此相似，它之所以使我们忧烦，是因为我们的小题大做——不必要的注意力促使它膨胀。

人生非常短暂，但我们常常为了事过境迁后必会忘却的小事情而伤神劳心。人生在世只不过数十年，若为一年后任何人都会忘却的不平而懊恼，浪费许多宝贵时间，那是多么不值得。人有时同大树一样，虽禁得住狂风暴雨的打击，却抵挡不住害虫的啃噬，再大的挫折我们总能坚强地承受，却常被一种小小的害虫——烦恼，将我们的心啃噬殆尽。

婚姻生活不幸的原因，大都缘于生活的琐事。一半以上的刑事案件，都是由于微不足道的小事。

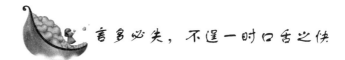

言多必失，不逞一时口舌之快

人与人之间发生一些小误会或者小摩擦是在所难免的，在日益多元化的现代社会本是再正常不过的事情了，胸怀宽广的人大致会过而即忘，但并非人人都有这般的胸怀。在人际交往当中，常常可以看到一些争吵源于一些鸡毛蒜皮的事，但由于一方逞一时口舌之快，说了带情绪的话，伤害了对方的自尊心。而另一方也不愿意做省油的灯，受辱后也勃然大怒，反唇相讥，从而导致双方你来我往，把口水仗打得如火如荼，甚至大打出手，小事变成了大事，酿成祸端。

爱逞一时口舌之快者大多数是心浮气躁、又习惯指责他人的人，在他们的心灵世界里根本就没有"忍"字。只要不顺心，就见事骂事，见人骂人，为的是排遣胸中的忧烦，仅此而已。然而，他们根本就没有想到的是自己焦躁的情绪得到了发泄，被骂者的心里感受。

假如你知道自己有逞一时口舌之快的毛病，而且在短时间内又难以克服，那么，你就应常备相应的补救措施。有个朋友，见什么不舒服都习惯逞一时口舌之快，言多必失，这道理人人都明白，然而他就是打死也不信这个邪。

　　有一次他负责招聘，一个应聘者说自己是北师大毕业的，然而没有具体说是师大哪一所学院的。这位朋友脱口而出就是一句让人大感不恭的话："北师大有一流的也有末流的。"这话的意思不就是怀疑那人有点儿徒有虚名吗？谁知他的这句话让那人逮个正着，非让他说出北师大到底哪所学院是末流的。众所周知，虽然北师大几所学院水平有高有低，然而哪一所也不至于末流。朋友的话其实是赶出来的，被逼到这份儿上，只好承认自己是逞一时口舌之快。

　　在现代的生活中，有许多的事情我们都无法预料到它的发展态势，有时也无法了解事情的发生背景，为此，千万不可以轻易地下断言。如果不留余地，就会使自己一点回旋的空间都没有。

　　某君与同事有了点摩擦，非常的不开心，便告诉同事："从今天起，我们断绝所有关系，彼此毫无瓜葛……"这话说完还不到两个月，那位同事就成了他的顶头上司，某君因讲了这句过重的话而尴尬，只好自动辞职、另谋他就了。

　　我们在做事时讲求留有余地，在说话时也同样要留有余地，不能把话说得太满，要为一些意外事情的发生留下回旋的空间，以免自己下不了台。因把话讲得太满，而给自己造成窘迫的例子到处可见。

　　把话说得太满，就像把杯子倒满了水，再倒就会溢出来；就像轮胎充满了气，再充就要爆炸了一样。因此，我们在说话时，千万不可把话说得太满，要学会给自己留有余地才会进退自如。

　　在做事时讲求留有余地，在说话时也同样要留有余地，不能把话说得太满，要为一些意外事情的发生留下回旋的空间，以免自己下不了台。

第六章　冲动时请想起宽容宽恕

　　人与人之间相处，难免要发生一些不愉快的事情，但你如果刻意去在乎它的话，那到最后，受伤的只能是你自己，甚至你感情用事，更会导致不良后果。

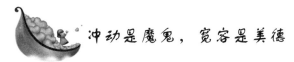

冲动是魔鬼，宽容是美德

人与人之间相处，难免要发生一些不愉快的事情，但你如果刻意去在乎它的话，那到最后，受伤的只能是你自己，甚至你感情用事，更会导致不良后果。

门诊部来了一位伤员，双脚趾均被割裂，伤势严重。随其陪伴的是他的朋友，伤者称他为王哥。此人中等个，穿着朴实，五官端正，也许通过外表是看不出一个人的品质如何的。

只见王哥心中怒火中烧，不停地挑唆伤者说："你就是太善良了！而且又顾忌多，若不是为了老婆孩子，你可以随便找个人收拾他，给他卸条胳膊卸条腿的，让他知道老子也不是好惹的！你可以去网吧，找几个混混，给他们点钱就可以神不知鬼不觉的把事情给做了。当年我在里边的时候……"

后来听他的妻子讲，一位朋友借了他们两万块钱好几年了，那时因为是好朋友，也没打借条，现在朋友的车房都买了就是不提还钱的事。如今自己也要买房子，并多次请朋友吃饭提起急需用钱之事，对方就是没有反应，情急之下双方动手打起来了，并不小心踩在酒瓶子上，还把脚给割伤了。妻子说起来时一脸的无奈。

当时觉得这位女士还挺实在，跟外人说自己的家事，于是，也把自己那天听到的告诉她，并让她一定要好好劝劝自己的丈夫，千万别听那个朋友的话。有什么事可以通过法律解决，如果动粗的话，法律是不会饶恕你的，你也千万别带有侥幸心理，警察说不定查不到自己，那是不可能的。要不就大度一点，就当那些钱丢了，或是资助给贫困地区了。你如果天天想这些事情，事情得不到解决，反而心情会更加郁闷，气大伤身这是人人都明白的道理。

后来听这位女士讲，她做通了丈夫的思想工作，决定不再追究此人此事，原本是想起诉他的，后来也放弃了。说起初两人情同手足，在朋友最困难的时候伸出了援助之手，帮朋友渡过了难关。现在，也许朋友真的有困难拿不出这钱。她说丈夫反而责怪自己那天也是过于冲动，而导致双方闹出些不愉快的事情。

其实，你要想宽恕别人还需自己有个博大的胸怀。如果你快意报仇，争强好胜地失去了限度，也就失去了做人的乐趣。宽容别人，其实就是宽容我们自己。由此看来宽容真的是一种美德，因为她不仅度人，也能修己，我们在生活中如果人人都多一分宽容，就会少一些心灵的隔膜，就会多一分理解，多一分信任，多一分友谊，多一分支持。

如果都不互相宽容的话，这个世界就再也没有一对知心的好朋友了。因此，冲动是魔鬼，宽容是美德。

在开往费城的火车上，一个来自纽约的妇人上了火车，走进了一节车厢，找了个座位坐下。这时候，走过来一位身体微胖的男子坐在她对面的座位上，之后就点燃了一根香烟。妇人禁不住咳嗽了几声，身子也挪来挪去，好像是在无声地反抗。可是，那个男子似乎丝毫没有注意到她的行为，依旧在美滋滋地享受着。最后，妇人终于忍不住开口说道："你多半是外国人吧？这里是不让抽烟的，这趟车有一节专门吸烟的车厢。"那个男子听完，起初有些诧异，但接下来他一声没吭，熄灭了香烟，扔出了窗外。

过了一会儿，列车员过来对那位妇人说："对不起，这里是格兰特将军的私人车厢，请您离开。"妇人大吃一惊，慢慢站起身往门口走，边走边为将军刚才的举动感到诧异。她看着将军一动不动的身影，心里有些惊慌和害怕，就这样她心有余悸地一直退到了门那里。而整个过程中，将军仍像刚才一样表现出了他的宽容大度，没有给她任何难堪，没有以他的身份来显示什么，甚至连一个取笑嘲弄她的神情也没有挂在脸上。

这位将军在那个妇人面前表现出了自己的涵养，他并没有因为自己的地位高贵而轻视她，相反的，他顾及到了一位普通妇人的尊严，使那位妇人受到极大的感动。

宽容是一种修养，是一种美德，是一种快乐。懂得了宽容，你就会明白生活中比才智更能触动人心的是人格，比金钱的魅力更能提高生活质量的是宽容的力量。因为宽容是人们生活中的幸福阳光，

我们每一个人都应当懂得宽容，为自己也为别人播洒阳光。

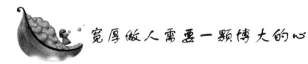

宽厚做人需要一颗博大的心

中国有句经典的老话，叫做"大人不记小人过"，这里的"大人"可以说是厚道博爱之人，而"不记小人过"则可说是厚道人"大肚能容"，摒弃前嫌。"大人不记小人过"，是指包容对方，不对其进行仇恨的报复，而是对其报以微笑。此做法的意义是，可在气度上战胜对方，让他感觉到自己是个斤斤计较的小人，这样他在心理上便失去了招架之功，同时也可使其意识到自己所犯的过错，有时我们的大度甚至会帮助别人改过自新，他们就会向我们报恩。

宋朝郭进做山西巡检时，有个官吏因为与他有点小过节，一直对他怀恨在心，一次终于有机会到朝廷控告他，宋太祖召见了这个官吏，经过一番询问后，结果发现他由于仇恨在诬告郭进，于是宋太祖命人把他押回山西，任郭进处置。当时大多数人都建议郭进杀了这个人，但郭进没有那样做。因为郭进知道这是个人才，如果杀了他，就是国家的损失。当时正值兆汉国入侵，郭进就对这个官吏说："你敢到皇帝面前诬告我，证明你确实有些胆量。现在我既往不咎，赦免你的罪过，但你要戴罪立功，如果你能打退入侵的敌人，我将向朝廷保举你。如果你打败了，就自己去投河。"这个官吏感谢郭进的不杀之恩，在战斗中奋不顾身，英勇杀敌，后来打了胜仗，郭进不记前仇，向朝廷推荐了他，使他得以提升，做了一员武将。

厚道之人都有宽大的胸襟，不计前嫌，能够容忍别人犯下的罪过，这样一来，自己的仇人反而心存感激，以至良心发现，找机会来报答自己。那些专门指责别人的过错，找机会对其报复的人，反而会激发仇人更大的愤怒，以至回过头来继续与他争斗，最终双方都不会有好下场。因此成功的人都有一颗宽大博爱的心，他们以宽广的心胸战胜一切与自己较量的人。

香港商业巨人李嘉诚所创建的公司均以"长江"作为字号。起初涉足塑胶业，他把塑胶厂取名为"长江塑胶厂"，后来又转为房地产业，将其公司命名为"长江地产有限公司"。后来规模扩大，改名为"长江实业"。

李嘉诚为何对"长江"二字如此青睐？他说："长江，容纳百川，不择细流。"是的，在商场上，对自己构成危害的人与事实在太多了，如果一一追究，恐怕就不会有精力去打理自己的生意了。只有用一颗宽厚博爱之心对待别人，做到良性竞争，才能不断壮大自己，最终获得成功。

廉颇和蔺相如的故事大家都很熟悉。面对廉颇的无礼，蔺相如表现出极其难得的气度，用自己宽厚博爱的心对待廉颇，最后他的宽容使廉颇深感惭愧，"负荆请罪"，并与蔺相如携手共同为国家的富强立下了汗马功劳。

宽容避免了正面冲突和交锋，从而减少了不必要的矛盾；宽容能化解人们之间的怨恨与隔阂，使大家团结一致，共同奋斗。宽容是人特有的一种涵养，具有宽容美德的人才能获得别人的尊重与敬仰。

丹尼·胡佛曾是美国西北航空公司的一级飞行员。他的飞行技术十分高超，飞行经验十分丰富，在他的飞行生涯中未出现一次事故，他由此赢得了同行的敬佩。但让他在同事中树立较高威信的另一个重要原因是他有宽容的美德。

有一次，他驾驶飞机从圣地亚哥飞到西雅图，途中飞机的发动机突然起火，飞机随即下坠，情况十分紧急。胡佛凭着超人的应变能力和丰富的经验，使飞机安全降落，机上成员安然无恙，但是飞机被烧成了一堆废铁。

经过调查，胡佛发现问题出在加错了油上。本来应该加螺旋桨飞机专用的油，而机械师加了喷气式客机所用的燃料。这一小小的失误不仅造成极大的损失，也让胡佛等人差点儿送了命。

胡佛马上命人找到加油的机械师，机械师也因失事感到万分难过。大家以为胡佛会大发雷霆，责骂他工作不负责任，差点害自己与其他人丧命，一定会恨他毁了自己心爱的螺旋桨飞机，甚至会解雇他。出人意料的是，胡佛拍拍年轻机械师的肩，反而安慰说："年轻人，别难过了，只要知错能改就行了。你看我的那架飞机还等着你去加油呢。"

胡佛非但没有责怪机械师，反而安慰他，这需要多大的气量！

宽容可以超越一切，因为宽容包含着人的心灵，因为宽容需要一颗博大的心。而缺乏宽容，将使个性从伟大堕落为比平凡还不如。

这是一个让人灵魂震撼的故事。第二次世界大战期间，一支部队在森林中与敌军相遇，经过一场激战，有两名来自同一个小镇的战士与部队失去了联系。他们俩相互鼓励，相互宽慰，在森林里艰难跋涉。十多天过去了，仍然没有与部队联系上。他们靠身上仅有的一点鹿肉维持生存。又经过一场激战，他们巧妙地避开了敌人。刚刚脱险，走在后面的战士竟然向走在前面的战士安德森开了枪。

子弹打在安德森的肩膀上。开枪的战士害怕得语无伦次，他抱着安德森泪流满面，嘴里一直念叨着自己母亲的名字。安德森碰到开枪的战友发热的枪管，怎么也不明白自己的战友会向自己开枪。但当天晚上，安德森就宽容了他的战友。

后来他们都被部队救了出来。此后30年，安德森假装不知道此事，也从不提及。安德森后来在回忆起这件事时说：战争太残酷了，我知道向我开枪的就是我的战友，知道他是想独吞我身上的鹿肉，知道他想为了他的母亲而活下来。直到我陪他去祭奠他母亲的那天，他跪下来求我原谅，我没有让他说下去，而且从心里真正宽容了他，我们又做了几十年的好朋友。

拥有一颗宽厚博爱之心，抛开仇恨这个困扰，就能拥有别人对自己的信赖与敬仰。有时候当别人当众顶撞了我们，或故意侮辱了我们，充满仇恨地进行报复只能使我们得到一时的快意，但却不能有好的后果。我们用什么样的态度对待别人，别人就会用同样的态度对待我们。所谓，冤家宜解不宜结。所以我们必须做到心胸开阔如海洋，试着和与自己有过嫌隙的人从容地打一打交道，体谅和理解别人的难处，这样我们就会建立很好的人际关系。

冲动是最危险的伙伴

做人要厚道，处事要宽松

"厚道"顾名思义，就是心胸宽广，能够化恩怨干戈为真情玉帛；是心地善良，化复杂的人生为简单的处世。对别人多一些宽容，就是心存善良；宁愿人负我，不愿我不负人，化敌为友，就是心存美好；将心比心，以心换心，以情还情，也是以德报怨，以善报恶。换而言之，就是"以责人之心责己，以恕己之心恕人"。世上千人千面，各有各的活法，但厚道做人是处世的基础和前提。

厚道之人，即是通达大度、重义守信之人，有时也会给人以大智若愚之感。厚道之人经常他人给我一横眉，我还他人一笑脸；他人给我一暗箭，我坦然回以报之；他人给我一句坏话，我以善意驳斥；人给我一个陷阱，我以智慧超越。一些人常为了一些非原则性的，以及鸡毛蒜皮的小事争得面红耳赤，忙个不亦乐乎，谁都不肯甘拜下风，以至大打出手。其实，事后静下心来想一想，当时若是能够熄灭心中的无名怒火，自是忍一时风平浪静，退一步海阔天空。

《寒山拾得问对》的故事中曾有这样一段对答：昔日寒山问拾得曰：世间谤我、欺我、辱我、笑我、轻我、贱我、恶我、骗我，如何处治乎？拾得云：只是忍他、让他、由他、避他、耐他、敬他、不要理他、再待几年你且看他。这精妙的一问一答，其中蕴含着中国千年历史文明的精华，也真实地反映出"厚德载物"的真正内涵。

《菜根谭》中指出："径路窄处，留一步与人行；滋味浓的，减三分让人尝。"可谓是涉世一极乐法，乃做人之厚道也！

处事宽松，有利于人际情感的沟通，避免心机重重，防不胜防；处事宽松，有利于工作方法的变通，避免一条胡同走到黑；处事宽松，有利于办事渠道的畅通，避免中途塞车。

那么，要怎样才能做到处事宽松呢？

第一，要少高调，保持低调。

高调了，会曲高和寡，支撑力差。虽然高调会自我感觉良好，

79

可获得一时的称赞，但是结局往往是堵了自己的去路，失去他人的支撑。当前一些人，干事之前大肆宣传一番，讲大道理，谈大意义，有的甚至夸夸其谈，不切实际，到真正做起来时便力有不逮，他人也无所适从，又谈何支撑？

低调了，可克制平稳，回旋度大。中国古代贤哲，无不以低调为立身的根本、处世的金箴。诸葛亮身怀济世之才，却"伏处于一方"，"不求闻达于诸侯"，最终等到机会，干了一番事业。低调，不会把自己逼进死胡同，会留给自己很大的回旋空间。

第二，要少浮躁，注意平和。

浮躁可以说是当今的一种普遍现象，其根源是多方面的，如生活节奏的加快，工作压力的加大，各种信息的轰炸等等。其实不是现在，浮躁心理早已有之。

早在1955年3月，毛泽东同志在《中国共产党全国代表会议上的讲话》中就指出："戒骄戒躁，永远保持谦虚进取的精神。"可见，浮躁是我们工作的大敌，尤其是在今天，更要戒躁。要戒躁，就要以平常心看待事物，做到多听正道，少听谗言；多些理解，少些猜疑；多琢磨事，少琢磨人。只有这样，才能处事宽松，才能成功。

第三，要少计较，顾全大局。

俗话说：退一步海阔天空。意思是我们在生活、工作中要少计较，那么，人与人的关系就宽松多了。毛泽东同志讲过，凡是有人的地方就有左中右。这个不奇怪，但只要大家不逞强争霸，不独断专行，不独来独往，不争功诿过，而是相互尊重，相互谅解，相互补台，我们的天地就会变得非常宽广。

俗话说得好："吃亏就是便宜。"这句话富含了深刻的哲理，人是有感情的，在处世中时常吃些"亏"，其实是一种谦让和宽厚，会得到别人的喜爱，可拉近人与人的关系，自然就会处处朋友。

冲动是最危险的伙伴

为人要宽厚，处处有朋友

所谓"君子坦荡荡，小人常戚戚"，意思是君子心胸开阔，思想坦率纯洁，行为舒坦安定，用一个词来形容，就是"宽厚"，这是做人的态度问题。俗话说得好："吃亏就是便宜。"这句话富含了深刻的哲理，人是有感情的，在处世中时常吃些"亏"，其实是一种谦让和宽厚，会得到别人的喜爱，可拉近人与人的关系，自然就会处处朋友。

那么，怎样才能做到为人宽厚呢？

第一，为人宽厚须自重。

要赢得别人的尊重，首先自己要自重、自尊、自律，还要不断完善自我，纯洁自我，提高自我。要做到这样，一是要防微，千里之堤，溃于蚁穴，把不良的思想、观念、行为消灭在苗头之时尤为重要。因此，对自己要高标准、严要求，勇于纠正自己的错误；要敢于批判自己，自以为非，即鲁迅所说的"解剖自己"；要时刻监督自己的行为，勿以善小而不为，勿以恶小而为之。二是要慎独，古人能做到"日三省乎己"，我们也应做到经常反省、约束自己，而约束的准绳，不仅要有道德标准，更要有党纪国法、政策法规，把自己塑造成一个气正心宽的人，做到不取非分之物，不贪非分之财，不作非分之想。和这样的人做朋友，会觉得受益。

第二，为人宽厚须憨厚。

憨厚与老实是分不开的，憨厚老实的人，不会拘于小节，不会小肚鸡肠，不会处心积虑，所以，老实人很多时候容易"吃亏"，但吃亏也是便宜，也会得益，既然是得益，我们又何妨做个憨厚点、粗放点、幽默点的老实人呢！"憨厚点"，就是对一些小事不要过于较真，大事清醒，小事糊涂，以免劳神、伤身；"粗放点"，就是行也安然，坐也安然，名也不贪，利也不贪，与世无争，与人为善，顺也乐观，逆也乐观；"幽默点"，就是学会风趣幽默，不要总板着面孔或闷闷不乐，要使心境坦荡，情绪平和。人之初，性本善，长大以后很多人会向另一个方向发展，但如果能够主观上培养憨厚，其实是个返璞归真的过程。和这样的人做朋友，会觉得亲切。

第三，为人宽厚须忠直。

忠直是什么？就是做人忠诚坦荡，积极正直。从古到今，名留青史的，都是忠直之人，那些奸佞之徒，不是被历史湮没，就是落得千古骂名。上观古代，文天祥、岳飞为什么可以名垂青史？就是因为他们有一身正气，对待奸恶敢于"怒发冲冠"；下观现代，令我们肃然起敬的，不正是那些对党无限忠诚，对人民鞠躬尽瘁的人吗？唐朝的颜真卿和宋朝的秦桧，都是对后世影响极大的书法家，颜真卿因大义凛然，使"颜体"流传至今，而秦桧因大奸大恶，他创造的字体只能称为"宋体"。可见，忠直的人才是被人们接受的，所以我们就要做到对党忠诚，对人诚恳，不藏奸，不耍滑，与人为善，表里如一，做老实人，办老实事。和这样的人交朋友，会觉得安全。

过分强调与天斗、与地斗、与人斗，不利于成功；人定胜天是假，大自然报复人是真；长期与人斗导致人际关系紧张，不利于团结。待人宽容，才能顺利通往成功的彼岸。

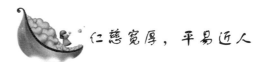

仁慈宽厚，平易近人

夏原吉，湖南湘阴人，是永乐、洪熙、宣德三朝的户部尚书。有一次他巡视苏州，婉谢了地方官的招待，只在旅社中进食。厨师做菜太咸，使他无法入口，他仅吃些白饭充饥，并不说出原因，以免厨师受责。

随后巡视淮阴，在野外休息的时候，不料马突然跑了，随从追去了好久，都不见回来。夏原吉不免有点操心，适逢有人路过，便向前问道："请问你看见前面有人在追马吗？"话刚说完，没想到那人却怒目对他答道："谁管你追马追牛？走开！我还要赶路。我看你真像一条笨牛！"这时随从正好追马回来，一听这话，立刻抓住那人，厉声呵斥，要他跪着向尚书赔礼。可是夏原吉阻止道："算了吧！他也许是赶路辛苦了，所以才急不择言。"笑着把他放走。

有一天，一个老仆人弄脏了皇帝赐给夏原吉的金缕衣，吓得准备逃跑。夏原吉知道了，便对他说："衣服弄脏了，可以清洗，怕什么？"

又有一次，侍婢不小心打破了夏原吉心爱的砚台，躲着不敢见他，他便派人安慰侍婢说："任何东西都有损坏的时候，我并不在意这件事呀！"因此他家中不论上下，都很和睦的相处在一起。

当夏原吉告老还乡的时候，寄居途中旅馆，一只袜子湿了，命伙计去烘干。伙计不慎，袜子被火烧去，伙计却不敢报告。过了好久，才托人去请罪。他笑着说："怎么不早告诉我呢？"就把剩下的一只袜子也丢了。

夏原吉回到家乡后，每天和农人、樵夫一起谈天说笑，显得非常亲切，不知道的人，谁也看不出他是曾经做过尚书的人。

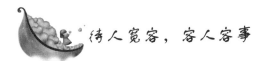

待人宽容，容人容事

古人云："忍一时风平浪静""宰相肚里能撑船"，连弥勒佛，我们也说他"容天下难容之事"；"严于律己，宽以待人"不仅是古代的思想和主张，也是无产阶级革命导师毛泽东的一贯主张。可见，做人宽容，是从古到今，从哲学到人民到领袖的共同主张。

那么，怎样才能做到待人宽容呢？

第一，要把人看高，懂得尊重人。

古代有一个京官，他乡下的家人因建房的围墙问题与邻居打官司，被地方官判其败诉。家人便写信让他出面向地方官施压，但他给家人寄回了一首这样的诗："千里修书只为墙，让他三尺又何妨？长城万里今犹在，不见当年秦始皇。"表现出待人宽容的气度。我们待人接物，也应拿出"让他三尺又何妨"的气度来。我们要站在与人平等甚至较低的位置，去把别人看高，从而去尊重别人，进而认同别人。如果自己高高在上，俯视他人，只会产生蔑视、鄙夷心理，始终把人排斥在外。

第二，要把人看深，懂得欣赏人。

也就是说，看人不要只看表面，要看到别人的内涵和长处，从而去欣赏别人，否则，只会对别人横挑鼻子竖挑眼，待人宽容又何从谈起？古诗云："梅虽逊雪三分白，雪却输梅一段香。"人也如此，各有所长，各有所短，"垃圾只是放错了地方的宝贝"，在一定条件下，一个人的优点和缺点可以互相转化。因此，我们看人就要看到别人的成绩，学习别人的长处，欣赏别人的优点。同时还要看到自己的不足，做到见贤思齐；包容别人的不足，做到善用人长。唯如此，宽容才会出自本心。

第三，要把人看好，懂得接纳人。

金无足赤，人无完人，关键是我们从什么角度去看一个人。从不同角度去看同一事物，往往会得到截然相反的结论。有个故事，说一个老太婆有两个儿子，一个是卖雨鞋的，另一个是卖太阳伞的，下雨的时候，老太婆担心卖太阳伞的没生意，天晴的时候又担心卖雨鞋的没生意。有人劝她说，下雨的时候你要想着卖雨鞋的非常好生意，天晴时要想着卖太阳伞的非常好生意。这就是角度问题。我们看待别人，应看其主流，找出其好的一面，去接纳别人，而不是放大别人的缺点，拒人千里之外。仇官心理、仇富心理，都是把不同阶层的人当成敌人来看待，要斗争到底，这是要不得的。

做人宽容，就要虚怀若谷，能容人容事。过分强调与天斗、与地斗、与人斗，不利于成功；人定胜天是假，大自然报复人是真；长期与人斗导致人际关系紧张，不利于团结。待人宽容，才能顺利通往成功的彼岸。

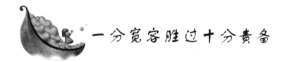

一分宽容胜过十分责备

我开始更多地注意生活中的一些细节，比如，把愤怒的姿势换成握手，让一句厉声的呵斥变得温和，给仇怨一个宽容的眼神，等等。我不想从这些细节中得到什么回报，但我知道，这些细节一定会碰上一颗善于感知的心灵。实际上，这已经足够了，就像阳光照耀大地万物的时候，它并不会在意一朵花是否会散发出幽香和芬芳一样。

宽容是人际交往中最重要的理念之一，如果别人能原谅错误，那你也能。除非宽容别人，否则我们无法体会到爱。宽容别人带来的愉快本身是至高无上的。它使我们认识到自己值得受到宽容，也使我们认识到没有宽容心的人是有缺陷的、危险的。

宽容可以通过语言等显性因素来表达，也可通过细节等隐性因素来表达，有时候这些细节或许连自己都未意识，却被善于感知的心灵接纳了。宛如获得了最温暖的心灵触摸，这些纤弱的心也蓬蓬勃勃生长。

我读到过一位中学老师写的一篇文章。有一天晚上，是这位老师值班。照例他要到操场上去转转，操场在教学楼的后边。周边是零星的几盏路灯，有极淡的一点光晕射出来。他带着手电出来，开始沿着跑道往里走，学生们大都回宿舍睡觉去了，到操场转转的目的，无非是怕有的学生还没有回去，毕竟在这样一个春末的晚上，清新的空气以及舒爽宜人的温度是让人留恋和眷顾的。如果还有别的目的的话，那就是看看还有没有男女生在操场上——提防有早恋倾向的学生。

果然，再往夜色更深处走，这位老师看到了两个人的背影，那该是一个男生和一个女生。他踌躇了一下，快走几步，赶上了他们。假装着欣赏夜色，他说："今晚的月亮真美，风也很轻柔……你们说是不是？对了，明天6点起床，你们不怕明天起不来吗？"他俩嗫嚅着，说不出话来。听他们的气息，显然被吓坏了，声音中透着紧张和惶恐。面对他们站着，但暗淡的光，还是不能辨清他们的面目。

这位老师问了他俩的班级和姓名，便让他们回去了。虽然感觉他们是在早恋，也想跟他们班主任谈谈。但后来无意中便把这事忘了。

之后，过了好几年，一封来自珠海某公司的信飞至这位老师的案头。原来，信是那个女生寄来的。信里边谈及的内容，也是关于那个晚上的。她说："李老师，那个晚上，被您撞见后，我很害怕，其实我们在一起走的时候一直担心着一件事情，就是手电筒，我怕突然有一束光毫不留情地照在我俩的脸上，如果这样的话，我们一定会无地自容，以后也不会有好的心态去学习。但是您并没有拧亮你的手电筒，虽然你也有这么一把。这些年，我一直忘不了这件事情，今天给您写去这封信，我要郑重地对您说声谢谢您。"

这个老师最后写道："我在那个晚上，心底里并没有感觉到亮不亮手电会对那件事产生多大的意义。然而，就是这样的一个细节，对于一个孩子，对于一个犯了错误的孩子，是多么大的尊重。这件事情之后，我开始更多地注意生活中的一些细节了，比如，把愤怒的姿势换成握手，让一句厉声的呵斥变得温和，轻拍对方的肩膀，给仇怨一个宽容的眼神，用心倾听卑微的人的话语，等等。我不想从这些细节中得到什么回报，但我知道，这些细节一定会碰上一颗善于感知的心灵。实际上，这已经足够了，就像阳光照耀大地万物的时候，它并不会在意一朵花是否会散发出幽香和芬芳一样。或许，它所在意的是，光线的每一个细微的部分，是不是给了花瓣最温暖的触摸。"

正是无意中的一次宽容，无意中的一个细节，却产生了意料不到的效果，给了学生一个坦荡的胸怀，一个光明的前途。就是这样，一分宽容胜过十分责备，宽容别人会给人带来一种感觉：你是一个宽容大度的人。

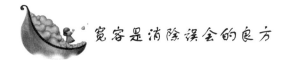

宽容是消除误会的良方

"海纳百川，有容乃大。"做人应该有海一样的胸怀，海一样的气度，才可以获得生活之快乐，成就千古之伟业！

遇到风浪时，大海里的鱼不会惊慌失措，小河里的鱼则会四处逃窜。人和鱼也一样，见过大风浪的人自然具有一种海洋般豁达的气度，遇到事情轻易不会斤斤计较，挥一挥手让事情过去，继续专注自己的事业和人生；而阅历不足、见识不深的人，就会纤毫必争，睚眦必报，陷入没完没了的烦恼中，哪里还有精力去做大事呢？

生活像一座山峰，宽容是小径，循径而上，会知山的高大和巍峨；生活像一片汪洋，宽容是扁舟，泛舟于汪洋之上，才能知海的宽阔。穿梭于茫茫人海中，面对一个小小的过失，一个淡淡的微笑，一句轻轻的歉语，带来包涵谅解，这是宽容。在人的一生中，常常因一件小事、一句不注意的话，使人不理解不信任，但不要苛求任何人，以律人之心律己，以恕己之心恕人，这也是宽容。宽容不仅体现一个人的气度，还显示出他的修养、品德、内涵，以及心态。

宽容能让人看透生死，看淡得失，看轻荣辱，超越世俗人情，隔阂、矛盾、摩擦尽可以化解。它能使人的精神成熟，心灵丰盈。一个人的胸怀能容得下多少人，就能赢得多少人的宽容；能容得下多大的事，就能做出多大的成就；为社会做出多大贡献，就会获得多高的荣誉。

个人的生存和发展需要他人和自我的宽容。

早年在美国阿拉斯加某个地方，有一对年轻人结婚了，但婚后生育时太太因难产而死，遗下一个孩子。小伙子忙生活，又忙于事业，因没有人帮忙看孩子，他就训练了一只狗，那狗聪明听话，能咬着奶瓶喂奶给孩子喝。

有一天，主人出门去了，叫狗照顾孩子。

他到了别的乡村，因遇大雪，当日不能回来。第二天才赶回家，狗立即闻声出来迎接主人。他把房门打开一看，到处是血，抬头一望，床上也是血，孩子不见了，狗满口也是血。主人以为狗把孩子吃掉了，大怒之下，拿起刀来向着狗头一劈，把狗杀死了。

之后，他忽然听到孩子的声音，又见孩子从床下爬了出来，于是抱起孩子。虽然孩子身上有血，但并未受伤。

他很奇怪，不知究竟是怎么回事，再看看狗，腿上的肉没有了，旁边有一只死狼，口里还咬着狗的肉。狗救了小主人，却被主人误杀了，这真是天下最令人惊奇的误会。

误会的事，往往是人在不了解真相、无理智、无耐心、缺少思考、未能体谅对方、反省自己的情况之下发生。其实，我们有一剂消除误会的良方，那就是宽容。试想，倘若我们具备了宽容的能力和习惯，时时处处先替对方考虑一下，致命的误会将是可以避免的。

如果你想做一个能位于一人之下，万人之上的人，必须具备一个必然的基础，那就是有一颗和常人不一样的宽容之心。

第七章　忍耐克制是克服冲动的妙方

　　会做事的人，表面上看他们似乎是弱者，可他们却会因此而成为强者，成为前途平坦、笑到最后的人。

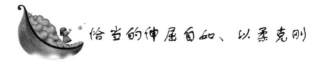恰当的伸屈自如、以柔克刚

冲动是最危险的伙伴

尼采说:"一棵树要长得更高,接受更多的光明,那么它的根必须深入到黑暗之中。"人生的发展过程好比树的生长过程,一个人如果渴求成功,需要把希望放在高处,行动放在低处,而不是好高骛远,眼高手低。能大能小,收放自如,是成大事者必备的一种素质。

在加拿大魁北克山麓,有一条南北走向的山谷。山谷有一个独特的景观:西坡长满了松柏、女贞等大大小小的树,东坡却像被精心遴选过了一般,只有雪松。这一奇景异观曾经吸引了不少人前去探究其中的奥秘,但却一直无人能揭开谜底。

有一年冬天,一对夫妇已经濒临婚姻破裂的边缘,而不乏浪漫习性的他们,准备作一次长途旅行,希望能够重新找回昔日的爱情。两人约定:如能找回就继续生活,否则就分手。当他们来到那个山谷的时候,天下起了大雪。他们只好躲到帐篷里,看着漫天飞舞的大雪。不经意间,他们发现由于特殊的风向,东坡的雪总比西坡的雪下得大而密。不一会儿,雪松上就落了厚厚一层雪。然而,每当雪落到一定程度时,雪松那富有弹性的枝丫就会向下弯曲,使雪滑落下来。就这样,反复地积雪,反复地弯曲,反复地滑落,无论雪下得多大,雪松始终完好无损。其他的树则由于不能弯曲而很快就被压断了。西坡的雪下得很小,不少树都没有受到损害。

看到这些,妻子若有所悟,对丈夫说:"东坡肯定也长过其他的树,只不过由于不会弯曲而被大雪摧毁了。"丈夫也点点头。刹那间,两个人似乎同时恍然大悟,他们忘情地拥抱在一起。丈夫兴奋地说:"我们揭开了一个谜——对于外界的压力,要尽可能去承受。在承受不了的时候,要像雪松柔软的枝条一样弯曲一下,这样就不会被压垮。"

一对婚姻即将破裂而又不失浪漫的夫妇,通过一次特殊的旅行,不仅揭开了一个自然之谜,而且找到了人生幸福的真谛。

　　现实生活中，有的人看上去很普通，甚至有时给人一种"窝囊"的感觉，好像是非常不中用，不经一敌的软弱。但是，这样的人很可能胸中隐藏着远大的志向。这种"无能"的表现正是其心高而气不傲，富有忍耐力和讲策略的表现。能上能下，能屈能伸，具有普通人所没有的远见卓识和深厚城府。

　　一个人不管你成功与否，其实都应该谨慎谦和，礼贤下士，而不能得意忘形狂态尽露。心气决定你的形态，形态影响着你的事业，学会做弱者，才能成为最终的强者。

　　我们应该看低自己，而抬高别人，这样才能不被猜忌，免遭暗算，最终成为真正的强者。因此，只有懂得胜不骄、有功不傲的人才真正懂得生活。

　　会做事的人，表面上看他们似乎是弱者，可他们却会因此而成为强者，成为前途平坦、笑到最后的人。

　　当然，屈和伸也都是应该有限度的。能屈，一直屈到不合理的情况，叫做懦夫。"威武不能屈"，便是说为了合理，必须抱定铜墙铁壁一般的意志，坚定不移，而且勇往直前，绝不为任何威武所屈服。合理而不能屈，叫做莽夫。明明知道合理，却不能约束自己，牺牲自己的自由来成全大众的一笑，表现出草率冒昧的言语或行动，实在莽撞得令亲者痛仇者快。

　　能伸，也应该伸得合理，否则即是小人。从古到今，社会上大富的人，难免骄纵。大贵的人，也不免傲慢。富贵双全，那就既骄且傲。"富贵不能淫"，即在告诫这些人，不要伸到不合理的地步，以免祸害人群。伸得合理，乃是正当的满足欲望，伸得不合理，就成了放荡不羁，终必害人害己。屈伸自如而又力求合理，表现出"富贵不能淫，贫贱不能移，威武不能屈"，便是获得赞美的大丈夫！

　　在人生旅途上，各种摧折命运之树的暴风雪常常会不期而至。一个人要想经受住人生风雪的侵袭，就该从雪松抵御大雪的自然景象中汲取生存与发展的艺术。该伸则伸，该屈则屈，该进则进，该退则退，始终从容不迫、游刃有余地绷紧命运之簧，弯而不折，屈而不断。只有这样，才能在严峻残酷的环境中立于不败之地。否则，对于来自方方面面的压力乃至形形色色的欺凌，一味地针锋相对、以刚克强，往往会未出战而身先死，不过是匹夫之勇；恰当的伸屈自如、以柔克刚，常常能历挫折而弥坚强，堪称笑傲人生。

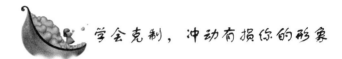

学会克制，冲动有损你的形象

日常生活中，许多人都遇到过这样的情况：在洗手间，突然听见同事在说自己的坏话；隔壁邻居把音响开大到忍无可忍的程度，或者遇上无理取闹的客户等等。这时，人们很容易被激怒，做出一些令自己事后悔恨不已的事。

2006年世界杯足球赛的决赛中，法国球星齐达内，在加时赛的最后10分钟用头撞向对方球员，用一张红牌为自己的世界杯生涯画上了句号，并导致整个球队把冠军拱手让给了意大利。据说当时他是由于受到对手的挑衅而过于冲动，才使自己的情绪失控，一失足成千古恨。

心理医生认为，一个人在冲动的时候，可以试着想一件不相干的事情，以避免冲动，这种自我转移法很有效。

使人能够冲动的事，一般都是触及了他的尊严或切身利益，很难一下子冷静下来。所以当你察觉到自己的情绪非常激动，眼看控制不住时，可以利用转移注意力等方法自我放松，鼓励自己克制冲动的情绪。

现在，我们不妨设想一下，当一个人无意中触痛了你的敏感之处，你就不假思索地乱喊乱叫，人家对你的印象还会好吗？同样，如果你只顾自己高兴，非要别人也同意你的观点，你还能赢得别人的尊重和好感吗？也许他们只是认为你太幼稚了。

苏格拉底的妻子是个出了名的悍妇，有一天，苏格拉底的弟子问苏格拉底："老师，师母如此唠叨和蛮横，你怎么受得了，是不是已经习惯了？"

苏格拉底沉默半晌，弟子以为他不高兴了，很惶恐。不料，苏格拉底平静地说："不，我永远不习惯，永远感到厌烦，只不过我学会了克制。"

有些事情，你永远也不会习惯，所以你就得学会克制，学会忍耐。你忍耐着，天就亮了。

很多走上歧途的人是因为他们缺乏必要的自制力。你不妨留意一下你自身的行为，很多时候，你采取的某种行动，并不是出于理性的思考，而是出于某种冲动或情绪的发泄。在这种情况下，你很容易做出一些荒唐的事情来。若要避免这一切，你就得学会自制。

愤怒使人失去理智思考的机会。很多人会因一些小事发脾气，甚至为此一整天都不高兴。诸如此类的情绪，在生活中随处可见。你所要做的不是一味地抱怨，而是如何控制好你的情绪。因为在成功的道路上，我们其实并不是缺少机会，或是资历浅薄，而是缺乏对自己情绪的控制。愤怒时，不能控制怒火，使周围的合作者望而却步；消沉时，放纵自己的慵懒，把许多稍纵即逝的机会白白浪费掉。

在许多场合，因为不可遏制的愤怒，使人失去了解决问题和冲突的良好机会。甚至一时的冲动愤怒，可能意味着要付出高昂的代价。朋友可能无意中说错了话，刺伤了你的自尊心，为此，你勃然大怒，结果，你可能失去一份珍贵的友情；你的客户言行举止冒犯了你，你因此大为光火，结果，你可能失去一批客户，而导致生意上的失败。

你在愤怒情绪的支配下，不顾及别人的面子，严重地伤害了别人的自尊和感情，这无异于自绝后路，自挖陷阱。常言说"多一个朋友多一条路"。愤怒会堵死你的退路。如果你渴求成功，那么愤怒是一个大敌，应该彻底把它从你的心中赶出去。

真正的自制力不体现在众目睽睽之下，而是在你一个人独处时。中国儒家讲究"慎独"。就是说，在单独一个人时，也要讲究修养，不放纵自己。一个人在外力的约束之下，可能会遵规守矩，但在无人监督之下，就可能会胡作非为。

多一个朋友多一条路，易愤怒的性格会让你得罪所有的朋友，堵死你的每一条退路。

第七章　忍耐克制是克服冲动的妙方

93

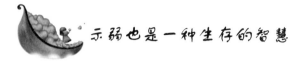
示弱也是一种生存的智慧

在战场上为了取胜，当然不可以示弱于人。但在特殊情况下公开展示自己的不足，有意暴露某些无关紧要的弱点，往往是一种有益的处世之道。

示弱可以减少乃至消除中伤或嫉妒。事业上的成功者，生活中的幸运儿，被人嫉妒是不可避免的。在一时还无法消灭这种潜在威胁之前，用适当的示弱方式可以将其负面作用减少到最低限度。

示弱能使处境不如自己的人得到心理平衡，有利于团结周围的人群。

要使示弱产生效果，必须善于选择示弱的内容。权势高的人在地位低的人面前，不妨提及自己的学历不够，经验不足，专业知识能力有待提高，有过种种坎坷不平的经历，表明自己实在是个普通的人；成功者在普通人面前应多说说自己屡次失败的记录，现实的烦恼，给人以"成功不易"、"成功者也有很多不如意"的感觉；对经济环境差的人，可以适当诉诉自己的苦衷：诸如健康欠佳、子女不长进以及工作中诸多麻烦，让对方感到"有钱人也有一本难念的经"；某些专业拔尖的人，最好宣称自己对其他领域一窍不通，自己在日常生活中也曾出过洋相，受过窘等。至于那些完全因时乘势或抓住机遇侥幸获得名利的人，更应该不避讳地承认自己是"瞎猫碰到死耗子"。

示弱是强者在感情上安抚暂时在某些方面处于下风的弱者的一种有效手段。它能使你身边的"弱者"有所慰藉，心理上得到平衡，减少或消除你前进道路上可能产生的破坏因素。把表面的风光让给别人，把沉甸甸的利益留给自己，何乐而不为呢？

示弱是强者在感情上安抚弱者的一种有效手段，它能使你身边的"弱者"有所慰藉，心理上得到平衡，减少你前进道路上的障碍。

示弱其实也是一种生存的智慧，有时求胜反不如求败，所谓

冲动是最危险的伙伴

"强在弱中取，进在退中求"，要想"高人一等"，先学会"低人一等"才行。低调，是一种态度、一种风范、更是成功的一种境界，一种思想和一种哲学。

人人都想出人头地，功成名就。但是，在办公室里过分显露自己对事业或职位的野心，无疑是对同事和上司的公然挑衅。不仅同事会对你提高戒心，就连老板也担心你是不是暗中觊觎他的高位，因而对你百般提防，或找借口把你调走。

人可以有野心但不可以外露，事事强出头、求表现，反而会招致外界的异样眼光。也许你会疑惑不解，难道表现积极有错吗？当然，积极没错，有时它还是一种值得鼓励的工作态度。但这个表现要拿捏有度，最好的方式是称职地做好分内之事，保持卓越的表现，同时应尽量维持低姿态。若积极越了边界，抢了别人的工作，会让别人觉得在公司的地位受到威胁，看不过去或心眼较小的人，甚至会暗中扯你后腿、要些小动作阻挠你的正常工作。

"树大招风"。对于树来讲，要坚持在暴风雨中屹立不倒，就要尽可能地把根扎入地下土壤的深处。而对于置身当今竞争日趋激烈的职场人士来讲，更应懂得自身职业素养，练就一身过硬本领，这实在是一桩非常重要的事情。

俗话说："人怕出名猪怕壮。"一个人名气过大虽然能带来很多好处，但烦恼也不少。要学会适可而止，有个限度，不要锋芒太露过于抢眼。保持低调，才能避免招来共愤，才能避免成为别人攻击的靶子。如果你不过分显示自己，别人也就无法捕捉你的虚实。

要想"高人一筹"，先学会"低人一等"。"人怕出名猪怕壮"，一个人名气过大虽然能带来很多好处，但烦恼也不少。

 成功者能屈能伸，镇定从容

李白有一句耐人寻味的话，叫"大贤虎变愚不测，当年颇似寻常人"。旨在告诫人们，当条件尚不成熟，自己施展才华的舞台还没有搭建完成，就要有猛虎伏林、蛟龙沉潭那样的伸屈变化之胸怀，自己则可在此期间镇定从容。

明朝的开国皇帝朱元璋有许多儿子，其中朱棣为人沉鸷老辣，在太子朱标病死以后，朱元璋曾想立朱棣为太子，但遭到许多大臣的反对。朱元璋无奈，只得立朱标的儿子为皇太孙。在朱元璋死后，皇太孙即位，是为建文帝。

建文帝年幼，他的叔叔们各霸一方，并不把他放在眼里。这样一来，建文帝的皇权受到了威胁，在一些大臣的鼓励下，建文帝开始削藩。在削藩的过程中，杀了许多亲王。燕王朱棣得知后，十分着急。

好在燕王朱棣封在燕地，离当时的都城金陵很远，又兼地广兵多，一时尚可无虞。僧人道衍是朱棣的谋士，在他的怂恿下，朱棣便积极操练兵马。道衍唯恐练兵走漏消息，就在殿中挖了一个地道，通往后苑，并修筑地下室，围绕重墙，在内督造兵器。为了不使外人听到里面的声音，又在墙外的室中养了无数的鹅鸭，日夕鸣叫，声流如潮。但消息还是走漏出去了，不久就传到朝廷。大臣齐泰、黄子澄两人十分重视此事，黄子澄主张立即讨燕，齐泰以为应先密布兵马，剪除党羽，然后再兴兵讨之。建文帝听从了齐泰的建议，任命工部侍郎张昺为北平布政使，都指挥谢贵、张信，掌北平都司事，又命都督宋忠屯兵北平，再命其他各路兵马守山海关，保卫金陵。

朱棣为了打消建文帝的疑忌，便派自己的三个儿子前往金陵，祭奠太祖朱元璋。等祭奠完了，建文帝准备把这三人留下作人质。其实，朱棣早已料到这一手。正在建文帝迟疑不决之际，朱棣派飞马来报，说自己病危，要三子速归。建文帝无奈，只得放三人归去。

不久，朱棣的得力校尉于谅、周铎两人被建文帝派来的北平都司事张信、谢贵设计骗去，送往京师处斩了。两人被斩以后，建文帝又拟朝旨，严厉责备朱棣，说朱棣私练兵马，图谋不轨。朱棣见事已紧迫，起事的准备又未就绪，便想出一条缓兵之计：装疯。

朱棣披散着头发在街道上奔跑发狂，大喊大叫，不知所云。有时在街头夺取别人的食物狼吞虎咽，有时又昏沉沉地躺在街边的沟渠之中，数日不起。张信、谢贵听说朱棣病了，就前往探视。当时正值盛夏时节，烈日炎炎，酷热难耐，但见燕王府内摆着一座火炉，烈火熊熊，朱棣坐在旁边，身穿羊羔皮袄，还冻得瑟瑟发抖，连声呼冷。

张信和谢贵把这些情况报告给了朝廷，建文帝便放下心来，不再成天琢磨着该怎样对付燕王了。

等到条件成熟了，朱棣设计杀死了张信、谢贵两人，安定了北平城，改用洪武三十二年的年号，部署官吏，建制法令，公然造反。经过三年的苦战，朱棣终于打败了建文帝，登上了皇位，并迁都北京，成为中国历史上较有作为的皇帝。

朱元璋早就想把帝位传给朱棣，朱棣也是有能力担当此任的，可是，天不遂人愿。在这种情况下，他没有怒而兴兵，以硬碰硬，而且懂得以"装疯"来赢得时间，积蓄力量，以便顺利地完成既定的方针计划，足见他处世手段之高。

 退一步是解决问题的最好办法

古语道："手把青秧插满田，低头便见水中天。身心清静方为道，退步原来是向前。"

一位年轻人从学校毕业后被分配到一个海上油田钻井队。在海上工作的第一天，组长要求他在 10 分钟内登上几米高的钻井架，把一个包装好的木头盒子送到最顶层的主管手里。他拿着盒子快步登上高高的狭窄的舷梯，气喘吁吁满头是汗地登上顶层，把盒子交给了主管。结果主管只在上面签下自己的名字，就让他送回去。他又快步跑下舷梯，把盒子交给组长，组长也同样在上面签下自己的名字，让他再送给主管。

他看了看组长，犹豫了一下，又转身登上舷梯。当他第二次登上顶层把盒子交给主管时，已经浑身是汗，两腿发软了。主管却和上次一样，平静地在盒子上签下名字，让他把盒子再送回去。他擦擦脸上的汗水，转身走向舷梯，把盒子送下来。组长在盒子上签完字后，让他再送上去。

这时他有些愤怒了，他看看组长的脸，深吸了口气尽量忍着不发作，又拿起盒子艰难地一个台阶一个台阶地往上爬。当他上到最顶层时，浑身上下都湿透了。他第三次把盒子递给主管，主管看着他，傲慢地说："把盒子打开。"他撕开外面的包装纸，打开盒子，里面是两个玻璃罐，一罐咖啡，一罐方糖。他愤怒地抬起头，双眼喷着怒火射向主管。

主管又对他说："把咖啡冲上。"年轻人再也忍不住了，一下把盒子扔在地上："太欺负人了，我不干了！"说完，他看看扔在地上的盒子，感到心里痛快了许多，刚才的愤怒全释放了出来。

这时，主管站起身来，直视他说："刚才让你做的这些，叫做承受极限训练。因为我们在海上作业，随时会遇到危险，所以要求队员身上一定要有极强的承受力，承受各种危险的考验，如此才能完成海上作业任务。非常可惜，前面三次你都通过了，只差最后一点点，你没有喝到自己冲的甜咖啡。现在，你可以走了。"

在日常生活中，每个人都会遇到一些他人的侮辱伤害，有些人或平时的怨敌会无故地给我们制造众多的诽谤、侮辱，或挑起事端……甚至还有一些亲友，以前也许相处得不错，但到了一定时候，他们也会翻脸不认人，平白无故地闹出许多是非，给我们带来身心伤害。

面对他人的挑衅，如果以牙还牙、以怨报怨，问题会越来越严重。因为他人在进行伤害行为时，他的心绪为烦恼所制而不由自主，如果在此时遇到了抵抗，如同火上浇油，嗔心会更炽盛。"沙门四法"的原则是：骂不还口，打不还手，不以嗔怒对嗔怒，不以揭短对揭短。如果以怨报怨，也就违背了人必须遵循的行为准则，这样一来平时修行的持安忍难的功德，也就会在刹那间毁坏殆尽。最终的结果，于人无益，于己有害，所以这种以怨报怨的行为，是万万不可采取的。

你只要退一步，往往就会发现，这是解决问题的最好办法。

吃亏是福，一定要懂得忍让

郑板桥有句名言叫"吃亏是福"，在一定程度上，容忍也算是吃亏的一种形式，因此可以说容忍也是福。古往今来，所有成大业、立大德的圣人或豪杰，多是因为能忍而成功，不能忍而失败。困在夏台的成汤，囚于菱里的文王，居东的周公，厄于陈国的孔子，哪一个不是能够容忍的表率？勾践、刘邦、苏秦、韩信这些人同样是因"忍"而成大气候者。可以说，容忍是一种胸怀，是一种能力，这种胸怀与能力会为人创造收获，带来福气。

曾有这样一个故事：从前有个开典当铺的尤翁，一年年底，他听到店铺门口有喧闹声，出来一看，原来是一个穷邻居正和自己的伙计拉拉扯扯，纠缠不清。站柜台的伙计愤愤不平地对尤翁说："这个人将衣物押了钱，现在却空手来取，我不给他，他就破口大骂。您说，有这样不讲理的人吗？"门外那个穷邻居仍然是气势汹汹，不仅不肯离开，反而坐在当铺门口。尤翁见此情景，从容地对那个穷邻居说："我明白你的意图，不过是为了度年关。这种小事，值得争得这样面红耳赤吗？"于是，他命令店员找出那位邻居的几件典当物。尤翁指着其中的一件棉袄说："这件衣服御寒不能少。"又指着外袍说："这件给你拜年用，其他的东西不急用，还是先留在这里，等你有钱再来取。"那位穷邻居拿到两件衣服，不好意思再闹下去，只好离开了。

令人没想到的是，第二天传出穷汉在前夜死在别人家里的消息。原来，穷汉和别人打了一年多的官司，因为负债太多，没法活下去了。但是，死后他的妻儿就将无依无靠，于是他就想了个损招。自己先服了毒药，然后去有钱的人家故意寻衅闹事。他知道尤翁家富有，想敲诈一笔安家费，结果没想到尤翁以圆融的手法化解了，没有成为他的发泄对象。于是他就转移到了另外一户人家那里——和他打官司的那家。最后，这户人家只有自认倒霉，出面为他张罗丧葬事宜，并赔了一笔"道义赔偿金"。事后，有人问尤翁，难道是事先知情才这么容忍他的吗？尤翁回答说："凡是无理挑衅的人，一定有所倚仗。如果在小事上不能容忍，那么灾祸就会立刻到来了。"可见，与人相处之道，在于无限容忍。

不可否认，很多灾祸都是由一点小事引发的。如果在小事上不能容忍他人，斤斤计较，那么灾祸就会立刻到来；如果在小事上能够容忍他人，不计利益得失，灾祸自然找不上门来。

但是，现实中的我们却往往难以做到对他人的容忍。在面对他人的过错或者非难的时候，我们会用另外一副眼光品评他们，往往使旁人体无完肤，一点也不留情面。

当然，这也不难理解，因为我们人性中本来就掺杂着伟大与渺小、善与恶、崇高与卑微。我们彼此都差不多。也许有些人性格较强，机会较多，因此可以更自由地表现天性，但在骨子里，人性是相似的。如果把日常生活中我们的每一个举动，以及脑海中的每一意念都记录下来，我们一定会惊讶地发现每一个人都是堕落败坏的魔鬼了。明白了以上道理，会使我们容忍他人，如同容忍自己一样。

日本"推销之神"原一平想，必大家都不会陌生，可是很多人并不知道他是靠怎样的毅力才成就了自己这一无冕殊荣。就在原一平刚进入保险公司时，公司安排他向一家大型汽车公司推销企业保险，可是他之前听说那家公司一直以不参加企业保险为原则，无论哪个销售人员，都没能打动公司总务部长的心。但原一平还是决定试一试，而且不管遇到多大困难，自己都要想办法把客户"拿下"。于是，原一平连续两个月去拜访这位总务部长，从没有间断过，最终总务部长被原一平的这种精神打动了，决定见他一面，但要看一下他的销售方案，但没想到他只看了一半，就对原一平说："这种方案，绝对不行！"原一平回去后对方案进行了反复的修改。第二天，他又去拜访总务部长。可是，这位部长却冷淡地说："这样的方案，无论你制订多少都没用，因为我们公司有不参加保险的原则。"此时原一平的怒气直往上冲，对方说昨天的方案不行，自己熬夜重新制订方案，可现在又说拿多少来都没用，这不是在戏弄人吗？但是，他转念一想，我的目的是推销保险，对方有所需，自己的保险对其有百利而无一害，这单生意完全有可能成交。于是，原一平冷静下来，说了声："再见！"就告辞了。从此以后，他仍坚持游说这位部长，一天又一天，一次又一次……终于，原一平凭着自己的忍耐力，促使对方签订了企业保险合同。

一般来说，当销售人员在与客户交往时，要有一种自控、忍让的能力和观念，但这决不意味着放弃和退缩。要做到既忍让又不失原则，就必须做到反应灵敏，事先多制订几个方案，做到有备无患。

我们不能不说，原谅是一种风格，宽容是一种风度。善于忍耐的人好比是金子，炼除心中的渣滓更加明智；不善忍耐的人，结果正好相反。有人说："忍这个字，从心从刃，心上有刃，有难言的痛苦。"这样的说法恐怕是对"忍"的最好解释了。有学说这样表述忍的含义："忍的反面是怒。怒是性情，忍是德行。德行，要经常考察他的来源，来源不正就会损害德行。其次要看它的归属是否妥当，归属不妥当就会害人。原因是，忍作为一种德行，不在于忍受哪个人，而在于如何去忍受。习惯上以侵害到来而平心静气地忍受为原则。说是侵害，意思是那不是因为我的过失而招来的。说是平心静气，意思是对待侵害我的人不生气。而且要从不生气而顺受，如孟子没有得到重用，说是天意，而不去怨恨臧氏子。又必须乐于忍受，如孔子在陈国断绝粮食的时候，说：'君子固穷。'就是如此。"

虽然人各有志，志各不同，但若拥有一份容忍的心态，便能风物长宜放眼量。为他人留下了空间，有了思考的时间；为自己留下了余地，有了智慧的检验。所以说，容忍是一种美德，一种高尚情操的自我表现。

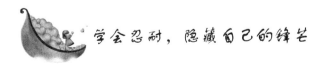

学会忍耐，隐藏自己的锋芒

发现自己被领导利用或暗算了怎么办？最明智的举措就是不声张、不宣扬，采取无声承受的办法来解决问题。一旦声张，你就会得不偿失，不但失去的回不来，甚至还会失去以后的机会。

第七章　忍耐克制是克服冲动的妙方

向外宣扬自己被上级利用了，这在某些时候不失为向上级施加压力的方式。但在多数情况下，只能是适得其反。因为这样做，其实是在败坏上级的名誉，而名誉又关系到上级的权威，因此这是最不能为上级所容忍的。

他对你最可能的态度是怀恨在心和想办法予以惩罚，这样，不但你的所失无法得到补偿，而且还会因此失去上级的信任，被划入"另类"。从这个角度上说，就是因小失大了。

你也不要奢望上级会屈从你的压力，除非是事关重大，他是不会向你公开的压力屈服的，因为这样正是给了别人以口实。聪明的上级会私下安抚住你，然后再找机会把麻烦处理掉。

而公开地叫嚷被上级利用的人，是不会得到别人的同情的，更可能的情况是，同事们会聚在一起，幸灾乐祸地引为笑柄。如果说它确实产生了什么效果的话，那就是证明了你的愚蠢。别人会认为你是罪有应得，是过分贪婪、过分谄媚所得到的报应。这样，你不但不会得到同情，还会使自己暴露于种种猜测和攻击之中。

况且，如果你真是一个无辜的受害者，大家都会有目共睹，即使不去宣扬也会博得同情。权衡利弊你还是尽量使之秘密地解决为好。秘密地解决问题，锋芒不露，可以避免使你出丑，也会使事态向好的方向发展。

秘密解决，就是要通过种种暗示的手段向上级传达这样一个信息：为了你的事我已付出了很大的代价，你应该对我有所回报。否则的话……让上级觉得对你有所歉疚，使你在上下级的关系中赢得一定的主动权，也为通过妥善解决问题奠定了基础。对上级来说，为了得到更大的利益，他会感到有必要偿还债务；对下级来说，则等于发放出去一笔贷款或做了一项投资，你会逐渐有所收获。这比"针尖对麦芒"，争个鱼死网破要划算得多。

当你发现自己被上级利用或暗算以后，不要大喊大叫、怒不可遏，非要澄清事实不可。这样锋芒毕露，只会将上级逼上绝路，置你于"死地"而后快，你要学会忍耐，待机而动。

君子藏器于身，待时而动。你的聪明才智需要得到领导的赏识，但在他面前故意显示自己，则不免有做作之嫌。不要用领导不懂的技术性较强的术语与之交谈。这样，他会觉得你是在故意难为他，也可能觉得你的才干对他的职务将构成威胁，并产生戒备，而有意压制你，还可能把你看成书呆子，缺乏实际经验而不信任你。

指点江山、意气风发如果用在大学时代也许会突出自己的个性，也被多数人认同。但是在职场这个大舞台上，由于自己的身份和所处的环境等都已经发生改变，如果还像当初在校园时，过于张扬，就会树大招风。

前不久，一家晚报的生活版报道了这样一件事：某重点大学毕业的张影蕾不仅脸蛋俊俏，身材苗条，还能讲一口流利的英语，在跟外商谈判中，她时常露脸，同事因此对她都赞许有加。相比之下，她的顶头领导——部门经理宋昱比她逊色多了。宋昱年届40岁，体态有些臃肿，也没有张影蕾的美貌和青春，中专学历的她自然也谈不上什么外语水平，但由于早年进入该公司工作，勤勤恳恳，管理水平也比较高，所以受到公司老板的信任，担任部门经理。在张影蕾刚进公司的时候，宋昱经理对她很亲切，但在一次跟外商谈业务的聚会上，张影蕾出尽了风头，得意地用英语跟外商海阔天空地交谈，并频频举杯，充分显示出自己的高贵与美丽。事后，张影蕾试图通过自己那天的表现来向领导邀功，她主动找到宋昱经理说："我作为一名重点大学毕业的高才生，英语水平在公司来讲也算是很高的，想必那天和外商交谈的情景您也看到了。因此我想，公司是不是该考虑提升一下我的职位，或者给我加薪？"然而，实际情况却是，这件事过去不久，张影蕾就被调到了另外一个不太重要的部门。

面对不如自己的领导时，张影蕾犯了职场忌讳——越位。在公众场合喧宾夺主，旁若无人地与领导抢"镜头"，使领导陷入尴尬的处境，领导当然不愿意把这样犯上的下属留在手下，势必给她小鞋穿。

朝晖通过竞聘到公司任职不久，部门经理就对他说："老弟，我随时准备交班。"说心里话，当时朝晖也是这么想的，因为经理是自学成才的，知识和修养存在先天不足。而朝晖大学毕业后，在外资企业已有6年的工作经验，独立有主见，工作能力强。由于个性率直，在讨论一些工作问题时，他向来直来直去，为此他常与领导发生争执。虽然经理有时对他也有一定的暗示，但他却不以为然。久而久之，经理便渐渐疏远他，让他渐渐失去施展才能的舞台。

虽然朝晖的能力确实超过他的领导，但他不知道领导毕竟是领导。在领导眼里，下属永远比自己差一截，才会有成就感。下属的能力比领导强，在领导心里本来就很可能形成某种压力，使领导坐立不安，如果再明目张胆地与他对着干，哪怕你是无心的，领导也会忍不住对你施加压力。

可见，我们有必要学会收敛起自己的锋芒，以消除领导的戒心。

职场上，无论面对领导还是同事，隐藏锋芒的确必要。而体育赛场上，能够将自己的锋芒隐藏起来，则很可能让对手措手不及，让观众出其不意。比如，在 2008 年 8 月举行的第二十九届奥运会上，羽毛球健将林丹于 14 日轻取盖德后，从他的脸上看不到太多获胜后的欣喜表情，他的情绪用平静形容更贴切。与过去那个个性张扬的林丹相比，现在的他将自己的锋芒隐藏起来。

在男单四场 1/4 决赛结束后，四名半决赛选手产生。林丹和陈金在上半区半决赛会师，而独守下半区的鲍春来则意外负于李炫一，李炫一将与李宗伟争夺另一个决赛席位。

以当时的实力来看，林丹很有可能闯进决赛，而另一场半决赛不管谁将胜出，决赛都将是一场"林李之争"。林丹拒绝展望决赛，"我现在不考虑最终能打到第几，现在想的就是在每一分里面体现自己的最好水平。"

其实，不只是现在，古代历史上的一些故事也能让我们感受到不懂得隐藏自己的锋芒而造成的恶果。例如，汉初的开国皇帝刘邦在这方面做得很好。在与项羽及其他诸侯争夺天下时把自己的锋芒深深地隐藏，这从他攻占咸阳，却对秦宫原封不动而还军灞上这一行动看得出来。而他的对手项羽却总是刚愎自用，不会隐藏自己的实力，锋芒太盛，同时又不善经营天下，最终落得被困垓下，在乌江自刎的下场。

 为心灵找到另外一个出口

　　人们的很多心理活动实际上都会成为额外的心理负担，因为许多时候着急与担心根本于事无补。美国某著名大学对 2842 名一周工作超过 100 小时的工作者进行了调查，结果表明："工作超时与工作焦虑之间其实没有什么必然关联。"

　　确实，很多时候我们之所以感到累，更多的是因为不能在工作中找到乐趣和价值感，在心理上将其当做沉重的包袱，背负着这个包袱才感到格外地累。此外，很多人在工作和生活中总是重复着单调的活动，缺少变化，如此一来，也必然会导致心理上的疲劳。那么，不妨换个角度看世界，或许能够消除我们心理上的疲劳，使心情轻松下来，感受愉悦与美好。

　　一天，袁牧野出去办事，搭了一辆出租车，和这位 20 多岁的司机随便聊了起来："最近生意好吗？"

　　"有什么好？哪有你们这些上班的好。油价疯涨，你想我们出租车生意会好吗？起早贪黑，每天十几个小时，也赚不到什么钱，真是气人！"

　　为改变车内的气氛，袁牧野转变话题说："你车内装饰得很漂亮，也让人觉得心里很舒畅……"司机打断了袁牧野的话，声音激动了起来："还舒畅呢？不信你来每天坐 12 个小时看看，看你还会不会觉得舒畅？"

　　接着司机的话匣子开了，袁牧野只有听的份儿。

　　办完事情后，袁牧野再一次上了出租车，还是个中年男性，一张温和的脸庞伴随的是轻快愉悦的声音："你好，请问要去哪里？"

　　袁牧野的心也随之愉悦起来，随即告诉了司机目的地。

　　司机启动了车子，并开始轻松地哼起歌来。

　　袁牧野禁不住问："看来你今天心情不错啊！"司机笑着回答："我每天都是这样好啊。"

袁牧野说:"不是出租车行业不景气,工作时间长,油价涨了,收入都不理想吗?"

司机说:"这没错,我每天开车时间几乎在 12 个小时以上。不过,日子还是过得很开心……"

"你每天开车那么长时间,怎么还开心呢?"袁牧野禁不住想问个明

白。

司机说:"我总是换个角度来想事情。例如,我觉得出来开车,其实是客人付钱请我出来玩。这不是很好吗?"

听了司机的话,袁牧野的心情格外舒畅。快到目的地时,这位司机的手机铃声正好响起,有位老客人要去机场。袁牧野明白了,原来喜欢这位司机的不只他一位,他的工作态度,不但替他赢得了心情,也必定为他招揽了许多生意。

由此可见,当我们能换一种心态去看待自己的工作,工作就不再是一种负担,而是一件愉快的事情。

有些时候,我们过多地关注一些利益攸关的目的,而忽略了去发现和欣赏许多美好的东西。赶车上班,与其为那一个多小时的上班车程而忧心忡忡,倒不如把心思倾注于美丽清晨的每一个细节之中。也许一阵清脆的鸟鸣能让你心情愉快,刚刚盛开的花朵能使你倍感神清气爽,留一份好的心情带到你的工作单位。

"横看成岭侧成峰",我们的人生何尝不像一座山,如果你用看山的眼光去看它的时候,那么它永远都只是一座山,如果你换个角度去看,也许,它更像一个媚态万千的睡美人,或者更像一个沉稳干练的俊男子。

换个角度,你看到的将是属于你自己的风景。

堵车了,别去一个劲地按喇叭,吵坏了别人的心情不说,连自己的心情也会被吵坏。不妨把音乐打开,静下心来休息一下。平时难得有足够的借口迟到,现在堵在路上,领导也拿你没办法。烦躁大可不必,因为这是赐给你的休息时间。

杯子摔破了,心里会感觉忽然空落落的。这个杯子用了好久,对它有了感情,但是已经不那么美观甚至有了缺口。早就想换了,

只是觉得不舍得。破了就破了，趁机换个新的，因为有了换的理由。

菜炒咸了，饭煮糊了。改变不了的结局，又何苦去烦恼。下次炒菜的时候，比这次少给一勺盐可能味道会刚刚好。下次煮饭的时候，比这次多给一点水可能会刚刚好。经验是从生活中慢慢积累起来的，这次的失败是为了你下次的成功打好基础的。

出去旅游，除了空气比自己家的好之外，也许你觉得风景并没有什么。山是一样的山，水是一样的水，甚至连饭菜都跟自己家做的有些类似，你觉得交给旅行社的钱花得有点冤枉。其实，呼吸了新鲜空气、开拓了眼界不说，你能不能用欣赏的眼光去观察那一样的山一样的水呢？或许，不一样的感觉就会出来了……

有这样一句话："当你觉得束手无策时，换一个地方挖一个洞，从一个不同的角度来看问题。"其实在我们的一生当中会遇到许多事情，有些能迎刃而解，有些却死活想不通，搞得自己身累、心累。如果我们真的能试着从另一个角度看问题，也许会为自己的心灵找到另外一个出口，自己就会轻松些。

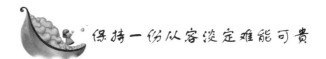

保持一份从容淡定难能可贵

搏击于生活之海的芸芸众生，大多数活得并不轻松，特别是女性，有了家庭的磕磕碰碰，再加上年龄的困惑，总免不了心浮气躁，焦虑不安。因此，要学会在紧张的氛围中，保持一份从容淡定则显得难能可贵。淡然的女人会在世事的牵累、终日的忙碌中，偷出空闲，修饰自己、滋养自己，用自己淡然的心境去呵护自己的身体和心灵，呈现出来的是清晨阳光般的笑容、端庄的气度，以及深厚的内涵。

吴敏华有一个多年的网友，名字叫罗思梦。通过几年的网络交往，吴敏华和罗思梦成为了无话不谈、交情甚笃的好朋友。通过了解，吴敏华看到了罗思梦身上以及心灵中的某种特质，这种特质让她身处激烈竞争的社会和繁杂的生活而从容不迫，恬淡自然。寒冷的冬日，罗思梦会将安慰的话语送给沮丧的同事；落日的黄昏，她把省吃俭用的工资凑给不幸的邻居。罗思梦忙家务、跑业务、学电脑、考外语。别人眼里，她大大咧咧又有条有理；亲人眼里，她是老人天伦之乐的轴心，是后代茁壮成长的动力。罗思梦眼睛里的人生和社会，一切总是那么美好，同时她也用自己的爱心来浇注这份美好。她深知得与失、取与舍都是生活里固有的内容。她明白执著是生命的需要，随缘才有人生的满足……从罗思梦身上，吴敏华感悟颇多，同时她也为自己交到这样的朋友而倍感欣慰，因为罗思梦的出现，让自己能够从她身上学习很多东西——她所需要的不正是这样一份淡定情怀的修炼吗！

淡定，是现代女性必备的心理素质之一，有了一份淡定的心情，我们的生活才会轻松自在。在如今这个纷繁复杂的社会中，无处不充满竞争与挑战，只有保持一份从容淡定的心态，才会换得生活赋予我们的真诚。有句名言说得好，"淡泊人生，生命难得恬淡，难得从容。得之淡然，失之坦然"。对于女人来说，患得患失会让自己失去应有的美丽，从容淡定才能为你的人生铺垫无尽的亮色。若与从容为伴，你即使不能天天拥有鲜花的陪伴，但在心里却可以有一座美丽的花园。因为你把平淡的日子赋予诗情画意的想象，让梦想与憧憬引领着自己的生活。即使在平淡琐碎的日子里，你仍然用自己的"心之笔"记录着自己的生活，仔细读来会给人一种"润物细无声"的美感，滋润着自己及他人的心田。

俗话说，"人生不如意十常八九"。如果遭遇打击，我们也不要悲伤，告诉自己，你的品格、品质和内心是你面对生活考验时最大的财富。在任何困苦和逆境面前，只要善于运用我们的智慧，我们就一定会重新出发，成为人群中最闪亮的那个。

当我们发现自己不再是人群中最茫然、最无措的那一个时，我们就会深深地体会到，淡定从容是多么令人享受的一种状态。此时的我们，已经懂得了什么是等得起，因为我们已经明白，有些事情是急不来的，要潜移默化，要循序渐进，要水到渠成。但是幸运的是，条条大路通罗马，该来的总会来，绕个弯得到的，跋山涉水拿到的，仍是我们当初想要的那个，只要在这路程中，我们的心意始

终未变。

借对手的力制服对手

在这个世界上，高明的人处世就像打太极拳，他从来不和对手硬碰，总是顺着对手的势，以对手的进退为进退，借对手的力制服对手。所以，你要战胜对手，必须先满足对手，在满足对手中战胜对手。

要想让鱼进入你的罗网，那么你就不能老是收紧罗网，相反，你得张开罗网，撒向水面，甚至还要在上面铺一些诱饵，鱼进入罗网后再收网，如此才能捕住一条条活蹦乱跳的鱼。这就是"将欲歙之，固必张之"。

如果你想削弱你的对手，那么你就应该想办法让他强大起来，让他到处逞强，到处树敌，成为众矢之的，以耗损他的元气。

你看越王勾践多厉害，他取得吴王的赦免后回到会稽，卧薪尝胆，发誓报仇。他深知"将欲弱之，必固强之"的道理，他向吴王进献马匹，进贡粮食，送给美女。吴王要兵器，他给兵器，要战船他给战船，总之有求必应。吴国从越国那里源源不断地获取了战略物资，国力空前强大。于是，吴王夫差坐不住了，北上中原和齐国、晋国争霸。齐国和晋国是中原地区的传统霸主，岂能轻易把霸主的地位交出来，于是战争旷日持久地进行着。吴国大批的青壮年死在争霸的战场上，农村中尽是老弱病残，加之又降天灾，致使吴国元气大伤，国库亏空。勾践趁机起兵报仇，一举灭掉了吴国。

对于你的对手，如果你要废掉他，那么首先必须抬举他。在这方面刘邦是个高手。韩信攻取齐国后，要求刘邦封他为"假王"。刘邦一听"哼"了一声，这小子居然敢伸手要官，当时就心生废意。这时，张良以目示意，刘邦一下子就明白了。因为他与项羽的争霸战争现处于胶着状态，正需要像韩信这样的能人去为他打天下，要是现在就当着使者的面说"不行"，那么韩信肯定有想法。况且现在即使想废掉他，也不是那么容易的事，因为他手中有几十万大军，要是他拥兵自重，自立为王，那不就惨了吗？

于是，刘邦接着那个"哼"字说："哼！大丈夫要做王就做真王，为什么要做假王呢？"随即吩咐随从草拟诏书，封韩信为"齐王"。这韩信一听，大喜，于是继续领兵与项羽作战，为刘邦攻城略地。后来刘邦又封他为楚王，让韩信位极人臣，志得意满。韩信帮刘邦打下江山后，他的利用价值就不大了，于是刘邦便着手废掉他。他先采用了陈平之计，先将其贬为淮阴侯，随后又处处冷落他，这让韩信很不是滋味。后来又授意吕后，以谋反的罪名，将韩信斩于长乐宫。

由着性子来并不能给你带来任何好处。多数情况下，那些率性而为的人总是因为敌人太多而遭遇麻烦。说话随意不讲究技巧的人，一旦放纵自己的情绪，就会给人留下脾气暴躁、蛮横无理的坏印象，这样你就不能在事业上取得成功。如果你不能保证自己脱口而出而又不伤害别人的话，那就学会"三思而后行"吧！

其实，人和人的交往在大多数情况下都是这样，并不是说你对，别人就一定会对你心悦诚服，更多的时候人们看重的是你处理问题所采取的方式、说话的态度和语气。即使你有充足的理由也要注意自己的言行举止，古语说"有理不在声高"，有话就得好好说。因为在这个世界上，谁都不愿意碰钉子，大多数的人都是"吃软不吃硬"的，你越是认为自己说的是真理，他偏偏就不吃你那一套，你一大堆的理由也是无济于事。

一个懂得交际艺术的人，即使他知道自己的观点是完全正确的，在说服别人接受的时候也力求保住对方的面子，并以此让别人接受自己的观点，这样别人就会认为他是明智的。而那些觉得自己掌握着真理，用指出别人过错和缺点的方式去说服别人，甚至威胁别人的人是最愚蠢的！没有人会心悦诚服地接受你的建议，即使你说的是事实和真理，也是徒劳无功的，因为你已经深深地伤害了别人。

冲动是最危险的伙伴

正面批评会损伤他人的自尊心

用"建议"而不是下"命令",不但能维护对方的自尊,而且能使他乐于改正错误,并与你合作。

由粗鲁的长者所引起的愤怒可能会持续更久,即使他所纠正的是个很明显的错误。

塔宾瑞是一所职业学校的老师,有一个学生因非法停车而堵住了学校的一个人口。塔宾瑞冲进教室,以一种非常凶悍的口吻问道:"是谁的车堵住了过道?"当车主回答时,他吼道:"你马上给我开走,否则我就把它绑上铁链拖走。"

这位学生是错了,车子不应该停在那儿。但从那天起,不只这位学生对塔宾瑞的举止感到愤怒,全班的学生也都会有意无意地制造出一些麻烦,以造成他的不便,使得他的工作更加不愉快。

塔宾瑞原本可以用完全不同的方式处理的。假如他友善一点地问:"车道上的车是谁的?"并建议说,"如果把它开走,那别的车就可以进出了。"这位学生一定会很乐意地把它开走,而且他和他的同学也就不会那么生气。

当面指责别人,只会造成对方顽强的反抗;而巧妙地暗示对方注意自己的错误,则会让人乐于接受。

某天中午,司华伯决定去自己名下的某间工厂视察。才走进大门,司华伯就看到墙角有几名工人在吸烟,而在那些工人的头顶处,正悬着一块"禁止吸烟"的牌子。

司华伯没有指着那块牌子对那些工人说:"你们是不是不识字?"不,没有,司华伯绝不会这样做。

他走到那些工人面前,拿出烟盒,给他们每人一支雪茄,并且说道:"嗨,弟兄们,别跟我道谢。如果你们能到外面吸烟,我就更高兴了。"

那些工人们,知道自己犯了错,感到惶恐。可是司华伯不但不怪罪他们，反而给了他们雪茄，那些工人由此更加钦佩司华伯了。像司华伯这样的人，你能不喜欢他吗？

范纳梅克是费城一家很大的百货公司的老板，他也喜欢运用这样的方法，来提高自己人际交往的能力。

范纳梅克每天都会去他的百货公司视察。一次，他看到一位女客人站在柜台外面，等着买东西，可是没有人去招呼她。售货员呢？原来他们聚集在柜台远处一角闲聊呢！范纳梅克一声不响，悄悄地走进了柜台里面，亲自去招呼那位女顾客。然后他把成交的货物，交给售货员去包装，而自己走开了。

我们劝阻他人的时候，必须要记住，一定要避开正面批评。如果真的有批评的必要，我们不妨旁敲侧击地去暗示对方。

林肯在 1863 年 4 月 26 日，内战最黑暗的期间写了一封著名的信件。当时已是内战的第 18 个月了，林肯的将领们因为联军屡遭惨败，所以普遍怀着一股失望沮丧的情绪。那时人心惶惶，全国哗然震惊，数以千计的士兵，临阵脱逃，甚至参议院里共和党的议员，也起了内讧叛乱。更严重的是，他们要强迫林肯离开白宫。

林肯描述当时的情形时，曾这样说道："我们现在已走到了毁灭的边缘，我似乎感觉到上帝也在反对我们，我看不到一丝希望的曙光。"

于是，林肯提笔写了一封信，这封信可能只花了他 5 分钟的时间。可是，1926 年的一次公开拍卖会上，这封信居然拍卖出了 1.2 万美元的高价。这个数目比林肯 50 年来的积蓄还多。

这封信的内容是什么呢？是什么使得这样简单的一封信竟然价值万元呢？因为它改变了一位固执的将领，从而改变了国家的命运。那么，林肯是怎么做到的呢？很简单，他只是在信的开头，先称赞了这位集国家人民命运于一身的将军——胡克将军。

是的，当时胡克将军在判断上犯了严重的错误，可是林肯并不在信的开头就劈头盖脸地咒骂他。他的落笔稳健，充分显示出了他那圆融、娴熟的外交手腕。即使是批评的话语，林肯也将之转化得比较柔和，他用"有些事，我对你并不十分满意"这样的话，来指出胡克将军的错误。

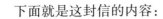

下面就是这封信的内容：

胡克将军：

我已任命你为波脱马克军队的司令官，当然，我这样做是有自己的理由的。可是我希望你也知道，有些事，我对你并不十分满意。我相信你是一个睿智善战的军人，你的这一点一向使我感到欣慰。同时我也相信，你不至于把政治和你的职守掺混在一起，这方面我想你自己可以把握好。你对自己很有信心，这是一种有价值的，可贵的美德。

你很有野心，在某种范围内，野心确实是有益而无害的。可是在波恩雪特将军带领军队的时候，你放纵你的野心行事，阻挠他行军。这件事，是你对你的国家，你的人民，以及你的同僚所犯的一个极大的错误。

我曾听说，你说军队和政府需要一位独裁的领袖。你要记住，我给你军队的指挥权，并非是出于这个原因。同时，我也没有这些打算。

只有在战争中获得胜利的将领，才有当独裁者的资格。目前，我对你的期望，就是军事上的胜利。如果你捧给我胜利的果实，我就会冒着危险，授予你独裁权。

政府将会尽其所能协助你，就像协助其他将领一样。我深恐你思想中那种不信任他人的思想，会被你的下属和战士们所接受，而这种思想对你所造成的恶果将难以估计。因此，我愿意竭力帮助你，平息你这种危险的思想。你仔细想想，如果军队中有这种思想存在，哪怕是拿破仑再生，也不能妄想用这支军队去获得胜利。现在切莫轻率推进，也不要过于匆忙，需要小心谨慎，努力去争取我们的胜利。

正面批评，会损伤他人的自尊心，剥夺他人的面子。如果你旁敲侧击，循循善诱，对方不但会体会到你的苦心，还会对你抱有感激之情。

113

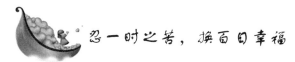
忍一时之苦，换百日幸福

俗话说"忍一时之苦，换百日幸福"。适时的忍让与退步，是能担当大任者的美德之一。每一个人在通往成功的道路上，都会遇到困难与挫折，每向前迈进一步都要付出巨大的艰辛，而最后能够到达巅峰的人，也都是忍受了生活痛楚的人。

清末著名将领曾国藩，用他一生的经历总结出了他获得成功的忍辱负重之术："好汉打脱牙和血吞。"他还说："这句话是我生平咬牙立志的秘诀，自出道以来，无不遭受屈辱。我在庚戌、辛亥年间被京城的权贵们所唾骂；癸丑、甲寅年间被长沙的权贵所唾骂；乙卯、丙辰年间又被江西人所唾骂。以后又在岳州、靖江、湖口三次打了败仗，都是打脱牙的时候，没有一次不是和着鲜血往肚里咽的。"正是靠了这种低调忍让的处世哲学，曾国藩才能成为清朝的中兴之臣与封疆大吏。

而历史上因为不懂得利用"忍术"，而让自己陷入危险境地的也大有人在。

有一次，唐太宗在庆善宫举行宴会，大宴有功之臣，同州刺史尉迟敬德也在被邀请之列。当他入席的时候，发现自己的上座竟还有人，于是就很生气地质问对方："你有什么功劳战绩，竟坐在我的上首？"当时的任城王李道宗席位被安排在他的下首，就来劝解他。但尉迟敬德不但不予理会，反而举起拳头殴打李道宗，差点打瞎李道宗的眼睛。

本来挺喜庆的宴会，被他这一拳头打进了不和谐音符。唐太宗异常不悦地停止了宴会。他对尉迟敬德说："我本想和你共富贵，但是你做官后不断触犯法律。现在该明白像韩信、彭越那样被剁成肉酱，并不一定就是汉高祖刘邦的错呀！"尉迟敬德听到这种极其严厉的警告后害怕了，从此以后收敛了许多。

尉迟敬德是陪李世民浴血奋战过来的铁哥们，对李世民忠心耿

耿是没的说，这一点李世民是知道的。也正因为这一点，才让尉迟敬德有了依仗的冲动——认为你皇帝位子都是我帮你打下来的，我功劳这么大，你李世民决不能把我怎么样，其他的人我更不放在眼里了。但是他错了，不论你功劳多么大，都不能成为依仗的资本，皇帝的尊严是不允许挑战的。李世民是比较仁义的，换了其他的皇帝，一刀杀之，也是正常的。

1965 年 9 月 7 日，世界台球冠军争夺赛在纽约举行。路易斯·福克斯十分得意，因为他远远领先于对手，只要再得几分便可登上冠军宝座。这时，突然发生了一件令他意料不到的小事——一只苍蝇落在主球上。路易斯开始时没在意，一挥手赶走了苍蝇，俯下身准备击球，可当他的目光落在主球上时，那只可恶的苍蝇又停在主球上了。

在观众的笑声中，路易斯又去赶苍蝇，这时他的情绪明显受到了影响。而那只苍蝇却好像故意跟他作对似的，他一回到台前，它也跟着飞回来，惹得在场观众哄堂大笑。路易斯的情绪恶劣到了极点，终于失去了冷静和理智，愤怒地用台球杆去击打苍蝇，一不小心球杆碰到主球，被裁判判为击球，从而失去了一轮机会。本以为败局已定的对手见状，勇气大增，最终赶上并超过路易斯，夺得了冠军。

第二天早上，路易斯的尸体在河边被发现：他投水自杀了！

这件过去了数十年的往事，仍值得我们深思：在生活中，当"苍蝇"影响了我们的情绪时，我们该如何对待？事实上，我们经常会遇到这类小事，如果不能忍受现实生活中的点滴挫折和不顺，那么就有可能最终导致工作或事业的彻底失败。

如果不能忍受现实生活中的点滴挫折和不顺，那么就有可能最终导致工作或事业的彻底失败。

第八章 提高修养，避免一时冲动

　　容易动怒的人们，光知道如何排解怒气还是不行的，最主要的是如何让自己制怒。学会让自己尽量不发脾气，不轻易动怒，才是上策。

加强道德修养，学会排解愤怒

生活当中，人们有时对一些不公平的事表示愤怒，然而大怒之下，往往会导致身心受损。怒气在胸，就会有一种强大的压力，使得你情绪不稳，心神不安，整天恍恍惚惚。在这种精神状态下，不仅工作、学习效率大大降低，还有可能出现差错和事故。

现代医学认为，人在发怒时，体内的肾上腺素含量显著增高，交感活动性物质增加，诱发肾素——血管紧张素增加，促使小动脉收缩痉挛，致使血压升高。同时，发怒会使人体内甲肾上腺含量增高，会导致心跳加快，耗氧量增加，冠状动脉痉挛，心肌缺血，心绞痛，心律失常等。愤怒还可以使人的食欲降低，消化不良，出现消化系统功能紊乱。

发怒固然有损健康，但怒而不泄同样对健康无益。英国一位权威心理学家认为，积压在心中的怒气就像一种势能，如果不及时加以释放，就会像定时炸弹一样爆发，可能会酿成灾难。

正确的做法是疏泄怒气，适度释放。我们可以将心中的不满通过各种形势排解出来：或找知己、好友无所顾忌地倾诉；或写信、写日记，使怒气在字里行间得到宣泄。还可以到室外打球、跑步、爬山、呼吸新鲜空气，让怒气与汗水一起流淌出来；也可以通过情绪转移的方式，或看一本自己喜欢的小说，或埋头工作，或欣赏音乐、戏曲，以求得心理平衡。

学会排解愤怒，也是道德修养的表现。养身贵在戒怒，戒怒就是养怡身心，尽量做到不生气、少生气，心胸开阔，宽宏大量，宽厚待人，谦虚处世。

容易动怒的人们，光知道如何排解怒气还是不行的，最主要的是如何让自己制怒。学会让自己尽量不发脾气，不轻易动怒，才是上策。

这样不仅有益于身心健康，也有利于提高自己的道德修养和思

想水平，于人于己都会有益而无害。

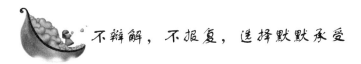 不辩解，不报复，选择默默承受

只要稍微留心一下我们的周围，几乎无处不存在这样那样的争论：一场电影，一部小说，一个特殊事件，某个社会问题都能引起争辩，甚至连某人的服饰或装扮也能引起争辩。从某种意义上看，争辩的过程实际上是寻求真理的过程。然而，毕竟争辩不同于寻常说话，它是带有"敌意"的语言行为。因为争论的任何一方都想推翻对方的看法，树立自己的观点。因此，但凡争论留给我们的印象都是不愉快的。如果你能够在论辩之前多投入一些思考，或许就会换一种方式和别人谈论某件事情以至于放弃争辩，如此，既做到个人心情舒畅，探求了真理，又不伤人际之间的和气。

白隐禅师是一位修行很深的禅师，一直以来，在他身上都存在着一种"不争辩"的胸怀，无论别人怎样评价他，他总是会淡淡地说一句："就是这样的吗？"

有一对夫妇在白隐禅师所住的寺庙旁开了一家食品店，这对夫妇有一个漂亮的女儿。有一天，夫妇俩发现女儿的肚子大了起来。夫妻俩异常愤怒，感觉太见不得人了。他们逼问女儿，肚子里怀的孩子是谁的，女儿吞吞吐吐地说出"白隐"二字。

这对夫妇怒不可遏地去找白隐理论，但白隐禅师不置可否，若无其事地答道："就是这样的吗？"过了几个月，孩子生下来了，夫妇俩把女儿生的孩子送给了白隐。此时的白隐已经名誉扫地，遭受着周围人的白眼或者冷嘲热讽，但他似乎并不以为然，而且还非常细心地照顾孩子。

事情过去了一年之后，那位未婚的妈妈，终于不忍心再欺瞒下去了。她老老实实地向父母吐露孩子的生父是住在同一幢楼里的一位青年。

她的父母立即将她带到白隐那里，向他道歉，请他原谅，并将

孩子带回。

此时的白隐禅师依然是淡然如水，在将孩子交到那对夫妇手里的时候，白隐轻声说道："就是这样的吗？"仿佛不曾发生过什么事，一切都平静异常。

现实生活中，口舌之交是人与人沟通的一种最为重要的方式。在整个沟通的过程中，难免会有失真之语。造谣诽谤就是失真语言中攻击性较强的恶意伤害行为。俗话说：明枪易躲，暗箭难防。在很多时候，诽谤与留言并非我们能够制止的，有人群的地方就会滋生流言。而面对流言飞语，我们采取什么样的态度则是至关重要的，就像林肯所说："如果证明我是对的，那么人家怎么说我都无关紧要；如果证明我是错的，那么即使花十倍的力气来说我是对的，也没有什么用。"

然而，环视芸芸众生，能做到遭到误解、诽谤，还能够不辩解，不报复，选择默默承受的人能有几个？毫无疑问，这样的忍耐，这样的大度是黑暗中的光芒，是夜空中璀璨的星星。

故事中的白隐禅师为了给邻居的女儿以生存的机会和空间，代人受过，牺牲了为自己洗刷清白的机会，受到人们的冷嘲热讽，但是他始终处之泰然。"就是这样的吗？"这平平淡淡的一句话，就是"宠辱不惊"最好的表现，而我们现代人缺乏的正是这一点。

在一些明智的人看来，用沉默应对诽谤，让浊者自浊，清者自清，而曾经的流言也就会在事实面前不攻自破了。对于我们每个人来讲，拥有"不辩"的气度，就不会与他人针尖对麦芒，睚眦必报；拥有"不辩"的胸襟，就会让怨恨远离，让宽恕靠近。

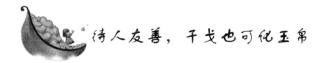

人性原本有善有恶，事实上也可善可恶。绝大多数人偏向性善，在自己抱持善意的同时，也期待着对方给予善意的响应，在这种相互作用下，很多问题就会迎刃而解，很多矛盾也可顺利抹平。人与人的关系是相互的，你对别人好，别人没有理由不对你好。同样的道理，假如你一开始就认定对方缺乏诚意，敏感的对方也不会诚恳地响应自己，这是十分自然的事情。而只有表现自己的善意，使大家对我们产生比较良好而深刻的印象，才能进一步建立友好的人际关系。

有一位国王仁慈爱民，凡是有人相求，他都尊崇民意，因此深得民众爱戴。

这一年，邻国大举侵犯，国王暗自思忖："两国交兵，由来已久，我若像父祖一样率兵出战，军民定会死上很多，且冤冤相报何时了。邻国入侵的目的，无非是觊觎我国土及王位，我何不让位于他，让干戈永远平息，而保住我国老百姓的性命呢？"

国王思虑完毕，修书诏告邻国国君："寡人可以让位，但不得骚扰我军民，对我军民应一视同仁。若存二心，引起彼等之反抗，互相杀戮，责任在你。夫治国须以仁德服天下，服民心者方能安国土，祈多思之！"

邻国国王读信后感到非常高兴，心想不费吹灰之力就打赢了这场仗，随后率军长驱直入。让位的这位国王先在城中听到消息，又听说对方自东门入，他便更换衣衫，打扮成平民，自西门出，遁迹于山林之中。

一日，一个婆罗门经过此处，在山林中小憩，碰巧遇到了国王，于是两个人交谈起来。国王问婆罗门："你从什么地方而来，又往什么地方去呢？"婆罗门说："我自北方邻国来，听说这里国王慷慨好施，而我已贫穷不堪，所以特来乞些财物回去，以度余年。"

国王听了，感慨道："我就是你想找的国王，但你来迟了，我也已十分贫困，不能满足你的愿望了，很对不起你！"婆罗门听罢，不胜懊丧，跺脚哭了，自怨命苦，不该跋涉千里而来。

国王见他这般状况，动了恻隐之心。把心一横，对他说道："你不用难过了。你既然千里迢迢求我而来，我虽然穷得一无所有，但我还是可以满足你的要求，不使你失望回去。"婆罗门说："你已到我一样的地步，一贫如洗，一无所有，你怎么能满足我的愿望呢？"国王说："我毕竟还是个退位的国王呀，新王必然在悬赏捉拿我，你

第八章 提高修养，避免一时冲动

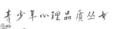

可将我捆绑了，拿去献给新王，他一定会给你重赏的。"

婆罗门出于贪婪，果然将国王捆绑起来，牵着他来到宫门。新王见此，不胜欢喜，询问婆罗门是如何捕到的国王。婆罗门便将实情告知："我不是捕到的，是这国王心甘情愿地要这么做的。"

新王听后感到十分惊讶，也甚为感动！他不损一兵一卒得此大片土地，虽然尽力安抚此国百姓，但臣民们仍是怀念旧王，关注他的安全，每日流泪焚香祝祷，有的则避到山林组织反抗。

新王对旧王愿意让出王位与国土，本来已经深感惊异，今听婆罗门所说，越发敬佩旧王的盛德，感到国与国之间的确不可冤冤相报，否则将世世为仇，妄动干戈，永无休止！现旧王的仁德与胸襟远远高出于他，他深感惭愧，懊悔听信臣下谗言，派兵入侵邻国，出动了被人咒骂的不义之师。

新王面对殿下的旧王，离开国王的宝座，亲自下殿给旧王解绑。他郑重地说道："本王在你的面前，是个不光彩的低矮之人，我是个掠夺者，不该出此可耻的不仁不义之师。你的行为教诲了我，使我深深地感到了羞耻！现在我把王座仍旧让位于你，请你继续治理这个君子之国。愿我们从今永息干戈，结束父祖仇恨，世世和好吧！"

说完，这位新国王当即率领所有将士归国，而本国的君臣和军民们，也一路设酒欢送。从此，两国和睦相处，互相尊重，互补不足，友好往来，天下一片太平景象。

儒家一向推崇"仁义礼智信"，仁字当先。"仁"的核心思想就是友善，这也是符合人的本质的，更是在中国传统文化中难以舍去，无法泯灭的道德规范之一。"多一些友善，便多了一份爱心；多一些友善，便多了一份宽厚与谦和；多一些友善，便多了一份理解与体谅。"放眼错综复杂的世界和茫茫人海，只有多一些友善，世界才会和谐；只有多一些友善，才会少一些纷争；只有多一些友善，人与人之间才会多一份友情。一个充满友善的世界，必将是一个美好的世界，人们无不崇尚着这份友善带来的美好。

友善就像是一缕清风，它可以除却人际间的烦躁；友善就好像一泓碧水，它能润泽情感中的隙缝。友善是沟通心灵的桥梁，是联结情感的纽带，是增强团结的基石，是孕育和睦的襁褓。凭借着友

冲动是最危险的伙伴

善的力量，干戈可以化作玉帛，倚仗友善的魅力，积怨能够化作情意。人们无不渴望友善，人际间无不需要友善。因而多些友善，给喧嚣的尘世添一份舒坦惬意，给复杂的人生带来一丝诚挚与温暖。

当赋予他人友善的时候，你会感到世间的和美，你能在友善中寻求到心灵的对话，找到情感的慰藉，你还会在友善中弥合性格的缺陷和升华自己的精神境界。

当然，讲友善并不是提倡一团和气，而是希望人与人之间，多些春风化雨般的循循善诱，多些朋友式的批评，少些不分青红皂白的妄加指责，少些尔虞我诈的互相攻击。古人说："良言一句三春暖，恶语伤人六月寒。"即便是一句关切之词，体谅之语，都会令对方倍感快慰。这样，有了友善，就多了一份深情厚谊，多了一份信任，多了一份支持与理解。

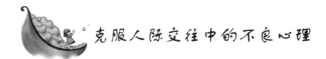

克服人际交往中的不良心理

一位哲人说过："没有交际能力的人，就像陆地上的船，永远到不了人生的大海"。人们学习知识进入社会，了解自我，获得新生和爱情，都是在人际交往中发生的。没有与别人的交往，人类就无法生存。

可见，人际交往在人们的社会生活中有着非常重要的作用，自我的发展、心理的调适、信息的沟通、各种不同层次需求的满足、人际关系的协调，都离不开人际交往。每一个人，都希望善于交往，都希望通过交往建立起和睦的家庭关系、亲属关系、邻里关系、朋友关系、同学或同事关系……而这些良好的社会关系可以使个人在温馨怡人的环境中愉快地学习、生活和工作。但在实际的交往过程中，总是或多或少地存在着一些不尽如人意之处，影响了人际交往的正常进行。

在与他人的交往中，我们每个人都渴望和谐愉快的人际关系，不喜欢那种肤浅的不真实的"朋友"关系，因为这种关系不是建立

第八章　提高修养，避免一时冲动

在双方真正的心理互动、情感交流的基础上，而是各取所需或迎合他人的趣味的"伪朋友"关系。

在人际关系交往中，心理状态不健康者，往往无法拥有和谐、友好和可信赖的人际关系，在与人相处中，既无法得到快乐满足，也无法给予别人有益的帮助。为了拥有和谐愉快的人际关系，社会心理学家归纳出以下几种常见的不良心理状态，请在与他人交往中努力避免。

1. 自卑心理

有些人会因为收入、家庭背景、修养等方面的因素，在与他人的交往中有自卑心理，不敢阐述自己的观点，做事犹豫，缺乏胆量，习惯随声附和，没有自己的主见。在交流中无法向别人提供值得借鉴的有价值的意见和建议，这就会让人感到与之相处是在浪费时间，自然就会对其避而远之。

2. 多疑心理

在与人相处过程中，最忌讳的就是无端地怀疑别人。有些人总是怀疑别人在说自己的坏话，没有理由地猜疑别人做了对自己不利的事情，捕风捉影，对别人缺乏起码的信任。这样的人喜欢搬弄是非，会让朋友们觉得他是捣乱分子而避之不及。

3. 自私心理

有些人与人相处总想"捞"点好处，要么冲着别人的位子，要么想从别人那里得点实惠，要么为了一事相求，如果对方对自己没有实质性的帮助就不愿意和对方交往。这种自私自利的心理，非常容易伤害别人，一旦别人认清其真实面目后，就会坚决中断与其交往。

那么，如何克服这些不良心理呢？

首先，要培养健康的情趣。因为健康的生活情趣是消除孤独心理最有效的办法。在工作之余，积极学习，享受生活，也可以写写日记、听听音乐、练练书法，精神充实有利于消除孤独。

其次，多参与集体活动。在平时，多和家人、朋友、同事等聊聊天，谈谈心，热情地帮助他人，尽情地享受和体验集体的温暖和友情。

最后，改善自我封闭的性格。孤寂封闭的性格是在生活环境中，经过反复强化逐渐形成的。兴趣比较狭窄，清高孤傲，心灵的透明度不够，心理活动深藏不露，外人感到神秘莫测。这些性格都会成为一个人拥有良好人际关系的障碍。

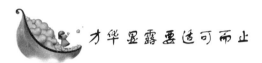

才华显露要适可而止

没有人不想出名，出名也许并没有错，但是这并不意味着你可以毫无顾忌地滥用自己的聪明和才华，可以毫无顾忌地争取自己的利益，而不顾及上司、同事、客户的感受。如果有谁真这么做了，那么只能说明这个人是"真糊涂，假聪明"，因为他没有看清历史之鉴，人性之弱点。

三国时的著名才子杨修，曾任曹营的主簿，他思维敏捷却为人恃才放旷，数犯曹操之忌，最终死在曹操刀下。

第一次，曹操建造一所花园，建成后，工匠们请曹操去验收，可是曹操在观看了之后，竟然不置褒贬，只取笔在门上写一"活"字。杨修见了说："门内添'活'字，乃'阔'字也，丞相嫌园门太窄。"于是工匠们重新翻修，曹操再看后很高兴。但当知是杨修解其意后，内心已忌杨修了。

第二次，塞北送来酥饼一盒，曹操写"一合酥"三字于盒上。杨修看见了，他竟然把它拿过来给大家分食。曹操问为何这样，杨修答道："你在上面明明写着'一人一口酥'嘛，我们岂敢违背你的命令？"听到杨修的回答，曹操当时虽然笑了，但是内心却十分厌恶。

第三次，曹操怕人暗杀他，常常吩咐手下的人说他好梦中杀人，凡他睡着时不要靠近他。可是有一天他在睡午觉时把被子蹬落在地上，有一近侍慌忙拾起给他盖上。曹操却突然跃起拔剑杀了近侍，然后又上床睡了。醒后，大家告诉曹操实情后，他痛哭一场，并且命令厚葬这个近侍。因此众人都以为曹操会梦中杀人，只有杨修知

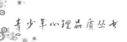

曹操的心，于是便一语道破天机，说曹操是假做梦，真杀人。

第四次，刘备亲自攻打汉中，惊动了许昌，曹操遂率领 40 万大军迎战。曹刘两军在汉水一带对峙。曹操屯兵日久，进退两难。某日厨师端来鸡汤，曹操见碗底有鸡肋，有感于怀。正沉吟间，属下大将夏侯惇入帐禀请夜间号令，曹操随口说："鸡肋！鸡肋！"于是士兵们便把"鸡肋"当做夜间号令。而行军主簿杨修却吩咐随行军士收拾行装，准备归程。夏侯惇大惊，请杨修至帐中细问。杨修解释说："鸡肋者，食之无肉，弃之可惜。今进不能胜，退恐人笑，在此无益，来日魏王必班师矣！"夏侯惇也很信服，营中诸将纷纷打点行李。曹操知道后，怒斥杨修造谣惑众，扰乱军心，便把杨修斩了。

凡此种种，皆是杨修的聪明犯着曹操。杨修之死，源于他滥用聪明才智。

杨修是死了，但是他留给我们的教训却是深刻的。在整个过程中，杨修总是以一个出头鸟的角色出现在曹操面前，无论是猜透曹操的用意还是故意曲解曹操的意思，总之，杨修让曹操觉得眼前非常不干净，所以把杨修当成那只鸡杀了儆猴是在所难免的。

俗话说"才华如花半开"才是最佳的程度。杨修无疑是一个绝顶聪明的人，但是其才盖主，这就犯了上司的大忌。你不露锋芒，可能永远得不到重任；你锋芒太露又易招人陷害，虽容易取得暂时的成功，却也为自己掘好了坟墓。当你施展自己的才华时，也就埋下了危机的种子。

春秋时期，郑庄公准备伐许。战前，他先在国都组织比赛，挑选先锋官。众将一听露脸立功的机会来了，都跃跃欲试，准备一显身手。

第一个项目是击剑格斗。众将都使出浑身解数，只见短剑飞舞，盾牌晃动，斗来冲去。经过轮番比试，筛选出六个人来参加下一轮比赛。

第二个项目是比箭。取胜的 6 名将领各射 3 箭，以射中靶心者为胜。前 4 名将领有的射中靶边，有的射中靶心，但没有一个 3 箭全中靶心的。第五位上来射箭的是公孙子都。他武艺高强，年轻气盛，向来不把别人放在眼里。只见他搭弓上箭，3 箭连中靶心。他昂着头，瞟了最后那位射手一眼，退下去了。

最后一位射手是个老人，他叫颖考叔，胡子已经有点花白，曾劝庄公与其母和解，庄公很是看重他。颖考叔上前，不慌不忙"嗖嗖嗖"三箭射出，也连中靶心，与公孙子都射了个平手。

现在只剩下公孙子都和颖考叔两个人了，庄公派人拉出一辆战车来，说："你们二人站在百步开外，同时来抢这部战车。谁抢到手，谁就是先锋官。"公孙子都轻蔑地看了对手一眼，然后就开始朝战车奔去。哪知跑了一半时，公孙子都脚滑了一下，跌了个跟头。等爬起来时，颖考叔已抢车在手。公孙子都哪里服气，提了长矛就来夺车。颖考叔一看，拉起车来飞步便跑。庄公忙派人阻止，宣布颖考叔为先锋官。公孙子都遂怀恨在心。

颖考叔不负庄公之望，在进攻许国都城时，手举大旗率先爬上云梯，冲上许都城头。眼见颖考叔大功告成，公孙子都嫉妒得心里发疼，竟抽出箭来，搭弓瞄准城头上的颖考叔射去，一下子把颖考叔射了个"透心凉"，从城头上栽了下来。

颖考叔之所以会有这样的结局，就是因为他不懂得掩饰自己的才华。如果他在哪一轮中稍微地让一步，适当地掩饰一下自己的本领，那么就不会惨遭毒手。

作为一个有智慧的人，他知道如何做到在不露锋芒的同时，既能充分地发挥自己的才华，又能有效地保护自己。这不仅要战胜盲目、骄傲、自大的病态心理，更要养成谦虚让人的美德。当你志得意满时，切不可趾高气扬、目空一切，不可一世，不然，你不被别人当靶子打才怪呢！

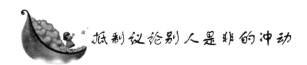

抵制议论别人是非的冲动

在背地里议论别人的是非，绝对不是所谓的"交流"或"分享"，而是个坏习惯。

相信每个人都玩过"传话游戏"，大家围坐一圈，一个人低声告诉旁边的人一句话，一直重复直到传完一圈。最后的话往往已经不是最初的那句了。有时尽管你是在重复真理，但也会走了样。

如果我们不能为别人说好话，那就什么都别说。因为我们不再讲述消极的事情，所以我们就会更幸福。消极的想法导致消极的感受，消极的感受使幸福离我们更远。如果你因某人某事产生困扰，直接和他们交涉，没有理由去和其他人讨论，这不会带来任何正面的影响。你对别人埋怨，那个有问题的人却不知道原来还有问题存在，也就不能做出相应的调整。只有和问题中心人物交谈，而不是与别人闲话，你才能使自己和他人更幸福。

一旦我们开始谈论别人以及他们的缺点时，所有伤害人的话语就会轻而易举地从舌尖跳出来，我们甚至意识不到自己正说些什么。用莫须有的罪名来影射某人的品质，说这些的时候我们甚至连眼都不眨一下。

有多少次谈话是以"我听说……"开头，以否定别人作为结尾的？我们永远都不应该以此为谈话的开始，或者参与到类似的谈话中去，除非我们要赞扬某人。

除此之外，如果散播谣言，我们会失去真正的朋友，唯一拥有的只能是其他散布谣言的人。他们是多么可怕的朋友啊，任何我们告诉他们的话，他们都会向别人复述！

当我们听到关于某人的小道消息时，抵制自己想转述的冲动吧！我们要发扬自我抵制的品质，尤其是在有人说闲话的场合。只有这样，我们才能避免负罪感。避免事后责备自己。

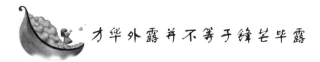

才华外露并不等于锋芒毕露

每个人都有潜能，都有自己的一技之长，但如果没人了解你的才能，他们看你就像一张白纸。所以文章做得好坏就看你的发挥了。因此，要想怀才而遇，就需要才华外露。不露，就没人知道你有某种才能。不了解你，上级就没法重用你、提拔你。如果你把本事隐藏起来，时日一久，上级就会认为你是无能之辈，不再理你了。

你还要适时地为自己做些广告。这个道理你只要看看当今社会铺天盖地的广告就会明白。"酒香不怕巷子深"的年代，已经远离我们了，这是一个能人辈出的时代，以往的一些老观念应该改变了，尤其是在竞争激烈的公司、企业里。曾有位作家戏谑地说："现在有本事的人比驴子还多。"你不表现，还有那么多人前仆后继，久而久之，你就淹没于无形了。

但是，才华外露并不等于锋芒毕露。

在上级面前展现才华并没有错，可是要掌握一个"度"，掌握一种方式方法，是"锋芒毕露"还是"犹抱琵琶半遮面"？

"露"要掌握时机，即不可乱"露"。时势造英雄。如果公司里有一项业务，领导和其他同事都无力承担，只有你一人较为熟悉，那么你就可以乘机"露"一手。

"露"还要看你的领导是怎样的人。领导开明，他会因你外露的才能而重用你。但不要以为每个领导都是开明的，如果你在嫉贤妒能的领导面前"露"一手，就得注意点方法。你若是忘乎所以，"露"起来没完，那就像在武大郎的烧饼店里表演烙饼技术一样，你要走背运了。

有些领导不愿意把风采和才华俱胜于自己的人留在身边，因为他们要防着不让人取而代之。在这样的领导面前锋芒毕露而走背运的例子比比皆是。下级只有善于隐其锋芒，才能与领导和睦相处。

在上级面前展现才华要掌握好一个度，"犹抱琵琶半遮面"才能吸引上级的目光。

急切地想要表现，想在最短的时间内证明自己的能力，想引起上司的注意，是职场新人非常普遍的心理。为了稳固自己的地位，也为了在激烈的竞争中占得一席之地，他们会迫不及待地找机会显露自己的才华和实力，想尽快得到上司和同事的认可。他们事事都要争个"先手"，有时甚至还要来个"抢跑"，锋芒尽现。

这是人之常情，年轻人这样做本来也无可厚非，因为现在职场竞争激烈，只有推销自己才能为自己打开市场，比起"酒香不怕巷子深"的说法，他们更相信的是"酒香还要勤吆喝"。何况自己能力超群，谁能甘心永远被埋没呢？但是，作为职场新人，过早地"崭露头角"是很危险的，稍不注意就会使自己陷入被动局面。

下属表现得过于突出，往往会使上司产生心理压力，引起他的不安全感。上司一般都有这样的心理：自己应该比下级强；自己在各方面都应该优于下级；自己得不到的东西，下级更不能得到；下级得不到的东西，自己则应该得到。一旦下级得到了某种东西而上级没有得到，上级的心理平衡就会被打破，就会产生失落感。作为对这种心理落差的填补，嫉妒之情便会油然而生。

刚入职场的新人，最好低调行事，跟同事经过一段磨合后，并对本单位的情况基本了解的情况下，再寻找适当的时机表现自己的能力。

在上级面前展现才华要掌握好一个度，"犹抱琵琶半遮面"才能吸引上级的目光。你若是忘乎所以，表现起来没完，那就像在武大郎的烧饼店里表演烙饼技术一样，你要走背运了。

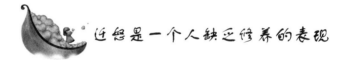

迁怒是一个人缺乏修养的表现

我们常常看到某些人为了一件微不足道的事情就大发脾气，这是极为有害的。如果你不能控制自己的情绪，你就会落入别人的掌控之中，被别人牵着鼻子走。

人们发怒的原因很多，一种是无意的，一种是故意的。无意的发怒是发怒者本身受到伤害，不由自主地发泄怒气。一个人如果经常发怒，是因为他把事情看得过于认真，对什么事情都斤斤计较，小题大做，过分夸张了自己所受到的伤害和侮辱。他们对一些很小的事也十分敏感，本来别人可能只是不小心碰了他一下，他就以为别人对他不满，因而怒气冲冲，结果使自己变得既幼稚又可笑。

如果说无意的发怒还情有可原的话，那种故意的发怒就显得没有素养了。他们认为发怒是权威的体现，因为在大多数情况下，你一发怒，就会在气势上压倒对方，使对方屈服。然而那只是暂时现象，久了别人就会发现：暴躁的你不过是纸老虎而已，不但不代表你的权威，反而说明了你的无能为力。于是，人们就再也不会被你的气势吓倒了，而且，他们会渐渐失去对你的敬意，也会因为你是一个没有自制力的人，他们可以轻而易举地打败你。

总而言之，无论别人是不是伤害或侮辱了你，发怒都不是一种明智的表现。你越是暴躁，越让人觉得你缺乏自制力，是一个有勇无谋的蛮夫。事实上，我们表达愤怒的方法会影响到我们爱的人，甚至那些我们并不认识的人。

一位经理早上起床，发现上班时间快到了，便急急忙忙开车去公司。他急于赶时间，结果闯了红灯，被警察开了罚单。这样，他不想迟到也不可能了，他非常生气。到了办公室，刚好看到桌子上有一封信，原来是他昨天下班交代秘书寄出的，而秘书还没寄。他便把秘书叫来，劈头盖脸一顿臭骂。

秘书受了气，就把手下一名员工叫来，叫员工赶快去寄信。员工动作稍慢了一些，秘书就是一顿狠批。

这名员工被骂得心情恶劣，恰好见到清洁工在楼道干活，就借题发挥，骂清洁工挡他的道。

清洁工憋了一肚子气，下班回到家，见儿子不做功课在玩游戏，便把儿子训了一顿。

儿子回屋去做功课，看见家里养的猫，便没好气地踢了猫一脚。猫委屈地跑远了。

在这个故事里，从经理到小孩，都不能做到"不迁怒"，都拿比自己弱的对象出气。这样做，自己可能心里稍稍好受一些，可却伤害了别人。别人慑于他们的权势和身份，当面可能不会反抗，但心里对他们绝不会有好看法。

作为一名好的领导者，不能随意"迁怒"。"迁怒"不但解决不了问题，还会带来新的问题。迁怒于他人，除了说明你自己的无能和可笑外，还能说明什么呢？

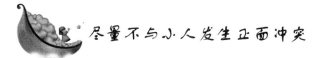

尽量不与小人发生正面冲突

佛印和苏东坡到茶馆里来喝茶。

侍者见佛印是一个出家人，就对他显得非常冷淡，而对苏东坡则十分热情。

苏东坡几次提醒侍者对佛印客气些。但侍者显然是一个非常势利的小人，依然对佛印非常冷漠。

苏东坡不高兴了。

结完了账，佛印掏出几文银子，递给侍者，并一再道谢，态度非常谦恭。

走出茶馆门口，苏东坡问佛印："这家伙态度很差，是不是？"

佛印说："他是一个势利小人，他的行为真令人讨厌。"

苏东坡问："那么你为什么对他还是那样客气，而且还赏钱给他呢？"

佛印答道："有时候，小人也要当君子养！"

所谓小人，就是那种人品差、气量小、不择手段、损人利己之恶徒。他们动辄溜须拍马、挑拨离间、造谣生事、结仇记恨、落井下石。

待人处世中，谁都不愿意与小人打交道，可不管你愿意还是不愿意，谁都不可避免地会碰到小人。因为那些生活在我们身边的鼠辈小人，他们的眼睛牢牢地盯着我们周围所有大大小小的利益，随时准备多捞一份，用各种手段来算计别人为此甚至不惜一切代价。小人们真是令人防不胜防，说不定什么时候就会在背后给你一刀。

为大唐中兴立下赫赫战功的唐朝名将郭子仪，不仅在战场上攻城略地得心应手，而且在待人处世中还是一个特别善于应对小人的高手。

"安史之乱"平定后，立下大功且身居高位的郭子仪并不居功自傲，为防小人嫉妒，他反而比原来更加小心。

冲动是最危险的伙伴

　　有一次，郭子仪生病了，有个叫卢杞的官员前来拜访。此人乃是中国历史上声名狼藉的奸诈小人，相貌奇丑，生就一副铁青脸，脸形宽短，鼻子扁平，两个鼻孔朝天，眼睛小得出奇，时人都把他看成是个活鬼。正因为如此，一般妇女看到他这副尊容都不免掩口失笑。

　　郭子仪听到门人的报告，马上令左右姬妾都退到后堂去，不要露面，他独自接待。卢杞走后，姬妾们又回到病榻前问郭子仪："许多官员都来探望您的病，您从来不让我们躲避，为什么此人前来就让我们都躲起来呢？"

　　郭子仪微笑着说："你们有所不知，这个人相貌极为丑陋且内心又十分阴险。你们看到他万一忍不住失声发笑，那么他一定会记恨在心，如果此人将来掌权，我们的家族就要遭殃了。"

　　郭子仪对这个官员太了解了，因此在与他打交道时总是小心谨慎行事。后来，这个卢杞当了宰相，极尽报复之能事，把所有以前得罪过他的人统统陷害掉，惟独对郭子仪比较尊重，没有动他一根毫毛。可见郭子仪对待小人的办法既周密又老练。

　　小人是琢磨别人的专家，敢于为芝麻大小的恩怨付出一切代价，因此在待人处世中如何与小人打交道，还真得有一套行之有效的方法才行。怎么办呢？其实，上面故事中佛印所回答苏东坡的"有时候，小人也要当君子养"就可以作为一种不错的方法。如果你既不想把自己降低到与小人同等的地步，也不想与小人两败俱伤的话，那就要善待小人，或者惹不起躲得起，尽量不与小人发生正面冲突。一句话，如果不是非得撕破脸皮，就要将小人当君子养。

 真正的强者是战胜自己的人

　　一个人立身处世，战胜强大的对手并不难，只要研究透对手，采取合适的战略战术，不无可能。比如你武功高强，但我不跟你交手，我拿枪对付你，你身手再快，没有子弹快。但是要战胜自己就不是那么容易了，因为你自己就是问题的全部，此时的对手不是别人，而是你自己，你对自己下得了手、狠得下心吗？因为，你要战胜自己，就意味着你要否定自己，这其中有很多珍贵的东西，甚至曾经给你带来过辉煌和荣誉，你曾引以为豪，而现在你要亲手毁掉它，这是一个痛苦的抉择。

你要是不能当机立断，痛下决心，你是战胜不了自己的。很多人的失败不是因为对手太强大，而是因为自己太固执，他说服不了自己，战胜不了自己，最后被自己打败。

所以，真正的强者，不是战胜别人的人，而是战胜自己的人。你看那位楚庄王，在一次宴会上，一阵风吹灭了蜡烛，有人趁机调戏了他的宠姬。宠姬抓下了那个人的帽带。有人提议点上蜡烛，看谁的帽子上没有带子，那么谁就是调戏宠姬的人。这对楚庄王来说是一个痛苦的选择，自己身为一国之君，居然有人趁黑调戏自己的妃子，是可忍，孰不可忍！可是真要追究下去，就有人要被杀头，当然也有人会借此做文章，说自己居然为了一个女人就滥杀朝廷大臣。

不过，理智战胜了冲动，楚庄王最终战胜了自己。他说不碍事，酒后失态，人之常情，于是让所有的臣僚在点烛之前，都摘掉帽带。一场风波就这样平息了。后来楚庄王在一次对敌作战的过程中身陷重围，有一位将军奋不顾身杀到他身边，将军虽身负多处重伤，但仍拼死护驾，使楚庄王终于得以脱险。

后来一问，才知道这位将军就是那次在宴会上调戏宠姬的人。因为他感念楚庄王的宽恕，所以誓死效忠。由此可见，楚庄王之所以能成为春秋五霸之一，一个重要的原因在于他能战胜自己，他就是那个时代的强者。

很多人的失败不是因为对手太强大，而是因为自己太固执，他说服不了自己，战胜不了自己，最后被自己打败。

冲动是最危险的伙伴

凡事乐观豁达，报以微笑

生活并不总是开心，总会充满了烦恼，甚至不幸。然而一个豁达之人，即使到了告别这个世界的那一刻，也会用微笑与快乐为生命送行。

两个水手因为船只失事而流落到一个荒岛。

甲水手一上岸就愁眉苦脸，担心荒岛上没有充饥之物，没有落脚之处。乙水手却一上岸就为自己将要开始一段新的生活而欢呼。

两个人在荒岛上找到一个山洞，乙水手为今晚有地方可以睡一个好觉而庆幸，甲水手却担心洞里面是否有怪兽。乙水手安然入睡，甲水手辗转难眠，不知道明天怎么度过。

上帝可怜两个水手，竟然让他们在荒岛上意外地发现一袋粮食。乙水手高兴得手舞足蹈，而甲水手担心怎么把生米煮成熟饭，煮出来的饭是否咽得下。

岛上没有淡水，他们不得不喝海水。乙水手说："喝淡水喝惯了，喝喝海水换换口味。"而甲水手极不情愿地把海水咽下。

每吃完一顿饭，乙水手总是很满足地说："又过了一天。"而甲水手总是叹气："唉，假如粮食吃完了该怎么办呢？"

粮食一天一天减少，终于被他们吃完了。荒岛上还有些野果，他们采摘回来。乙水手说："运气真好，竟然还有水果吃。"甲水手哭丧着脸说："从来没有这么倒霉过。上帝不要我活了，竟然要吃这样的野果。"

终于野果也吃完了，他们再也找不到其他可以吃的东西了，只好挨饿。为了保持力气，他们只好躺在洞里休息。乙水手说："想不到我竟然什么也不用做还可以睡觉。"甲水手绝望地说："死亡离我们越来越近了。"

最后一刻，他们都坚持不住了。乙水手说："现在终于可以抛开一切烦恼，投奔天国了。"甲水手说："我还不想下地狱。"

135

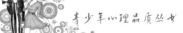

乙水手死了，脸上挂着微笑。

甲水手死了，脸上充满悲伤。

同样的结局，不一样的人生。既然结局无法改变，何不快乐地面对人生，充分享受生命中的乐趣！

事物都有两面性。当我们失去某一件东西的时候，必然会得到另外一件东西，虽然失去的很珍贵，但又有谁知道你得到的东西不比你失去的更珍贵呢？大多数人往往意识不到这一点，失去的已经证明它很珍贵了，得到的还需要一段时间来证明它是否珍贵。所以，我们应该学会的是耐心等待。

凡事都看开一点，这应是人生最明智的处世哲学。既然已经发生了，我们就坦然接受。俗话说，是福不是祸，是祸躲不过。看淡一切的人，生活无论怎样都能从中自得其乐。不知哪位智者说过，在生活和工作中不是任何付出都会有回报的。确实如此，有时生活存在明显的不公平，不光你自己觉得不公，连周围的民意也认为不公。这时候，千万不可激动，更不能一时冲动，干出无法收拾的傻事来。比如评级长薪，凭你的贡献，你的民意测验，这次的美事就理所当然属于你，但因为只有一个名额，有关方面出于平衡关系或其他考虑，就把美事给了另一个人。在这种情况下，千万要想开，不能耿耿于怀，忧心忡忡，更不能失去理智。即使从养生之道出发也不必肝火太盛。潇洒地想，一次长薪不就几块钱吗，不能为几块钱闹意气，叫人看低了自己的人格，看小了自己的风度，自宽自己的心，自己找乐，转移"痛点"。

有一个小笑话，说有一个老太太，晴天也哭，雨天也忧。因为她有两个女儿。大女儿卖雨伞，二女儿卖冰棍。晴天怕大女儿赚不到钱，雨天怕二女儿赚不到钱。有位智者开导她说，你老人家大可不必天天忧心，晴天的时候你就为二女儿高兴，今天冰棍一定好卖；雨天的时候你就为大女儿高兴，今天雨伞一定卖得好。这样一来，你就变天天哭为天天乐了。老太太一想果真有道理，怎么我从前就没想到这个理儿？

忧和喜是事物给你带来的两种心情，只要你不钻牛角尖，懂得"痛点"转移，想问题善于从两面或多个角度去思考，哲理就在你身边，大可不必忧心忡忡，更不用像老太太先前那样哭天抹泪儿。

愉快的笑颜能开解人的烦恼

我们中华民族是个友好爱笑的民族。"中国人的微笑"，给许多来访的外国朋友留下美好的印象。在我国文学典籍中，单一部《红楼梦》，关于笑的描写就不下几十种之多。《三国演义》中的曹操，打了胜仗哈哈大笑，打了败仗竟也仰面大笑。《聊斋志异》里的《婴宁》总共不过5000多字，就写了"笑容可掬"、"笑不可遏"等14种形态的30多个笑，真是笑得不亦乐乎！

笑是七情之一，俗话说"笑一笑，十年少"。笑是心理和生理健康的标志之一，是精神愉快的表现。巴甫洛夫说："愉快可以使你对生命的每一跳动，对于生活的每一印象易于感受，不管躯体和精神上的愉快都是如此。可以使身体发展，身体健康。"而一切顽固沉重的忧悒和焦虑，会给各种疾病大开方便之门。笑还能对心理活动产生很大影响，我国就有"乐以忘忧"的古训，可见笑的重要，笑是生活的需要。

笑，常是解决矛盾、化干戈为玉帛的前因。例如，张三从李四门口走，李四未发现张三，突然从屋里泼出一盆水，使张三顿时成了"落汤鸡"。这时李四赶忙赔笑，连声"对不起"，张三见到笑容，一句"不要紧"也便完了。相反的，倘是李四来个"不怪我"，张三还句"瞎眼了"，事情就要麻烦。俗话说："抬手不打笑面人"，可见笑的威力。

笑，还有个笑法问题。在不同笑法中，它蕴含的思想感情是很不一致的。一些电影常表现英雄牺牲时最后笑一下，这种笑所表现出的烈士对革命胜利的坚定信念是真实可信的。但是，在我们生活中有些人碰到什么困难，或遇到一些问题，产生一点矛盾，便收起笑容，或悲观失望，或怒目相向。要求这些同志学一点辩证唯物主义和历史唯物主义，懂一点艰苦奋斗、苦尽甜来的道理和事物发展的规律，这对他们保持健康，也是必要的。还有一种同志，老爱笑，讥笑别人，别人积极要求上进，他把嘴一撇，笑人家想"往上爬"；别人努力工作，高水平、高质量超额超前，他又笑人家"想多拿奖金"；别人抵制不正之风，他当面讥笑人家"假正经"；别人奋勇攀登科技高峰，他笑人家"癞蛤蟆想吃天鹅肉"……此正如古人所谓："上士闻道，勤而行之；中士闻道，若存若亡；下士闻道，大笑之。"他们专门讥笑好人好事好风尚，正说明他们自己恰是下等而之者！

白居易在《劝酒十四者》中说得好："且灭嗔中火，休磨笑里刀。"我们不赞成同志之间没有笑，批评对先进人物、先进事物的非笑，更反对"当面笑嘻嘻，背后使绊子"一类"笑里藏刀"式的冷笑、奸笑、狞笑。只有真诚、健康的笑，才是最崇高的，最可贵的笑！

生活中少不了笑。"出门一笑大江横"，"相逢一笑泯恩仇"，让我们的周围洋溢着健康明朗的笑，亲切友好的笑，文明礼貌的笑，充满信心的笑。

可见，会不会笑，何时该笑，何时不该笑，是大有讲究的。

冲动是最危险的伙伴

138

第九章　冲动是魔鬼，理智是天使

　　当一个人冲动时，全部的注意力都集中在导致他冲动的这一件事情上，对于其他的诸如后果之类的问题根本就没有时间与空间去考虑。

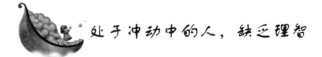处于冲动中的人，缺乏理智

有一对父子，脾气都很犟，凡事都不愿认输，也不肯低头让步。一天，有位朋友来访，所以父亲就叫儿子赶快去市场买些菜回来。

儿子买完菜在回家的途中，却在狭窄巷口与一个人迎面对上，两人竟然互不相让，就这样一直僵持下去。

父亲觉得很奇怪，为什么儿子买个菜去那么久，于是前去察看发生了什么事。当这个父亲见到儿子与另一个人在巷口对峙时，就气愤地对儿子说："你先把菜拿回去，陪客人吃饭，这里让我来跟他耗，咱俩轮班，看谁厉害！"

两辆的士狭路相遇，司机互不相让。

一阵争吵后，一个司机郑重其事打开报纸，靠在椅背上看报。

另一个司机也不甘示弱，大声喊道："喂！等你看完后能否把报纸借给我？"

下雨天，一个年轻人去商店买东西，将伞靠在了门口的墙边，另一个青年进门时不小心将伞碰倒了，于是他说了声"对不起"，但并未把伞扶起来。伞主人就要求他把伞扶起来，碰倒伞的青年说："我已经说对不起了，你自己扶一下吧。"两人就这样僵持了好久。

想解开打结的丝线时，是不能用力去拉的，因为你越用力去拉，纠缠在一起的丝线必定会缠绕得越紧。人与人的交往也一样，很多人只看到对方的错，并坚持要"以眼还眼，以牙还牙"，结果误会加深、矛盾加剧，最后闹得个两败俱伤。就像上述故事中的几个主人公，我们一定会在心里说：他们真傻，何苦呢？然而，他们本身的智商并不一定低，他们之所以突然变得"真傻"，是因为一时的冲动。

再反过头来躬身自省，我们又何尝没有过一些类似愚蠢的冲动呢？

有一句流行很广的话，叫"冲动是魔鬼"。无数个令人扼腕叹息

的悲剧一再向人们诠释了这句话，我们自己也多少有些亲身体会。几乎在所有与悔恨有关的往事当中，都能找到冲动的影子。因为冲动，有人错上贼船；因为冲动，有人痛失爱人；因为冲动，有人铤而走险……不少家庭不幸、工作不顺、人际关系紧张等问题，都源于人的冲动。冲动后果惨痛，而且其惨痛指数与冲动指数基本成正比。

冲动的人，缺乏理智。出身于贫苦家庭的马加爵好不容易考上大学，他的智商不低于常人。经历了那么多的苦难，他终于迈进大学的校门，看到了曙光，却因为一件小事而锤杀四名同窗。违法犯纪，伤害无辜，毁了家人的幸福，葬送了自己的一生……

为什么一个人冲动起来，会做出一些在正常情况下难以想象的荒唐事？医学专家认为：人在冲动时，体内的各个脏器与组织极度兴奋，会消耗血液中的大量氧气，造成大脑缺氧，为了补充大脑所需要的氧气，大量血液涌向大脑，使脑血管的压力激增。在大脑缺氧以及脑血管压力剧增的情形下，人的思维会变得简单粗暴。

心理学家则认为：当一个人冲动时，全部的注意力都集中在导致他冲动的这一件事情上，对于其他的诸如后果之类的问题根本就没有时间与空间去考虑。

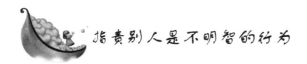

指责别人是不明智的行为

有人认为，不指责他人便无法显示出自己的高明和权威。其实，指责别人对自己是种损失。当你在指点、指示或者指出别人不足的时候，你已经奉献出了自己的智慧。本来你为别人指出了状况和出路，是应该得到对方的感谢的，可是当你抱着责难的态度时，就伤害了对方的自尊，引起了对方感情上的抵触。这使得本来是与人为善的你成了别人眼中的恶人，遭人讨厌，使人与你对抗。结果，不仅浪费了你的智慧，还伤害了彼此的感情。

一味地指责别人是不明智的行为，有时甚至可能让对方与你为敌；让你为此付出沉重的代价。年轻时的林肯，以指责别人为乐。他还写信给他人来讽刺挖苦对方，甚至写文章寄给报社，公开攻击他人。1842 年秋，林肯在《春田时报》发表文章，讽刺詹姆斯·史尔兹。在镇上人们的嘲笑中，一向自负的史尔兹怒火中烧，拿着长剑要与林肯决斗。史尔兹体格健壮，林肯身体瘦弱，显然林肯的处境十分危险。幸好，他们共同的朋友及时阻止了这场决斗。这件事情震撼了林肯。从此他再也没有写过一封侮辱人的信件，再也不以取笑指责他人为乐了。

可是我们生活的现实社会中，指责别人，拿别人的隐私做文章，似乎是许多人的爱好。

世界上没有两片相同的树叶。挖苦和指责别人，并不能够抬高自己，反而会显得自己乏味，甚至会伤害到自己。牛根生说过，看别人不顺眼，首先是自己修养不够。

齐宪平就是一个十分热衷于评价和指责别人的人。当别人的观点与他的想法不一致时，他就认为是对方错了，甚至认为对方是坏人。比如他喜欢玫瑰，别人喜欢月季，他会说："你怎么会喜欢月季，不喜欢玫瑰，太没有品位了，还能是什么好人吗？"

一次，朋友来找他说："帮我看一看这一幅底片，上面的人是好人还是坏人。"于是，齐宪平仔细端详起来："这个人站没站相，坐没坐相，穿着背心短裤，跷着二郎腿，叼着烟卷，不像是好人。他是谁呀？""这人就是你呀！你忘了，你在躺椅上乘凉的时候，你让我给你拍的生活照。"

任何人都不要轻易地去指责别人，除非你想与对方成为势不两立的敌人。也许对方的行为举止让你忍无可忍，但你完全可以使用更加委婉的方式与对方沟通，而不是以指责来激怒对方，导致双方关系的进一步恶化。

一位企业老总曾经谈到自己的管理经验。他的秘诀就是"平衡自己的心态"。如果下属对自己进行指责、抱怨、发脾气，他都会认真对待，而不是草率应付。哪怕是下属说得有些偏激，他也不会一味地指责下属。特别是若对方是个脾气火暴的人，他会在对方心平气和的时候，与其进行充分的沟通。他总是能够从对方的指责和抱

冲动是最危险的伙伴

怨中发现一些可以借鉴的地方。

其实，一味地去寻找他人的缺陷，指责他人，远不如发现自己的缺陷，指责自己，更不如发现他人的优势，称赞他人。指责他人，远不如去了解、认识、原谅和宽容他人。一个人是否有一颗做人的平常心，决定了他的生存方式和处世态度，也决定了做人是否快乐！

有的人总喜欢严厉地责备他人，使对方产生怨恨，不觉中使彼此的沟通难以进行，事情也办得一团糟。因为一个人在内心深处是不愿意责备自己的，谁愿意承认自己是错误的呢？每个人都能够为自己的错误行为找出一大堆的理由。即使一个人知道自己犯了错，也不愿意在公开场合承认这一点，更不愿意别人当面指出。如果有人当面指责，他会立即调动全部的智慧和力量来辩解。其实，只有不够聪明的人才批评、指责和抱怨别人。

乔治先生是一家机械公司的安检人员，他工作中的一项任务是检查员工们是否在工作时戴了安全帽。工作期间，每回他看到有员工没有那样做，他就会搬出一大堆公司的条文规定压人，并命令员工把安全帽戴上。被训斥的人当时会戴上帽子，但是，一旦乔治走了，就又会把帽子摘下来。乔治后来换了一种管理办法：当他看见员工摘下帽子时，他会很关心地问对方戴帽子是不是很不舒服或者大小是不是不合适。他的语气始终是一种平等、关心和让人愉快的口吻，当对方提完意见之后，他会诚恳地告诉对方安全帽是用来保护员工的人身安全的，并建议对方工作时一直戴着它。这一次效果果然不同，所有的人都把帽子戴上了——因为乔治先生让他们感到，戴帽子是一种需要，乔治先生是在为他们每一个人的安全考虑。

卡耐基曾说："一百次中有九十九次，没有人会责怪自己任何事，不论他错得多么离谱。我们用批评和指责的方式，并不能使别人产生永久的改变，反而会引起愤恨。一个人之所以那样做，一定有他的原因。你了解了背后的原因，也就不会对结果感到吃惊了。"正如亚里士多德所说："全然的了解，就是全然的宽恕。"不要责怪别人，要试着了解他们，试着明白他们为什么会那么做，这比批评更有益处，也更有意义得多。

在许多情况下，我们喜欢责备他人，常常是为了表现自己的高

143

明。有时，也有推卸责任的目的。古人讲"但责己，不责人"，就是要我们谦虚一些，严格要求自己一些，这对自己只有好处，绝无坏处。

在你想责备别人的这不是那不是时，请马上先对自己说："看，坏毛病又来了！"这样，你就可以逐渐改掉喜欢责备人的坏习惯。

尖锐的批评和攻击，所得到的效果都是零。批评就像家鸽，最后总是飞回家里。当你想指责或纠正他人时，他们会为自己辩解，甚至反过来攻击你。成功的经验告诉我们：学会宽容和尊重，才能更好地与人相处。

我们需要明白：人际关系是相互的，你尊重别人，别人也尊重你；你仇视别人，别人也不会喜欢你。用仇视和指责的方式换来的会是更多的敌意和批评，而用理解和尊重的方式则必定会换来更多的宽容和敬意。在我们这个地球上，生活着各种不同肤色、不同生活习惯、不同宗教信仰的人。哪怕是同一件事情，不同的人可能有完全不同的看法，即使是同一个人对同一件事情，从不同的角度或不同的时间来看，也可能会得出不同的结论。一个人做一件事情，其背后的原因往往是复杂多样的，需要了解和分析才能得到答案。孔子说："君子和而不同。"一个真君子既能够坚持自己的观点，同时也能够认真倾听他人的意见，理解和尊重他人的观点。

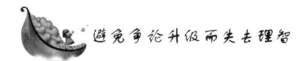

避免争论升级而失去理智

天底下只有一种能在争论中获胜的方式，那就是避免争论。避免争论，要像你避免响尾蛇和地震那样。

十之八九，争论的结果会使双方比以前更相信自己绝对正确。你赢不了争论。要是输了，当然你就输了；即使赢了，但实际上你还是输了。为什么？如果你的胜利，使对方的论点被攻击得千疮百孔，证明他一无是处，那又怎样？你会觉得洋洋自得。但他呢？他会自惭形秽，你伤了他的自尊，他会怨恨你的胜利。而且——一个

人即使口服，但心里并不服。

潘恩互助人寿保险公司立了一个规矩："不要争论！"

真正的说服术不是争论。甚至最不露痕迹的争论也要不得。人的意愿是不会因为争论而改变的。

释迦说："恨不消恨，端赖爱止。"争强疾辩不可能消除误会，而只能靠技巧、协调、宽容以及用同情的眼光去改变别人的观点。

林肯有一次斥责一位和同事发生激烈争吵的青年军官，他说："任何决心有所成就的人，决不会在私人争执上耗费时间，争执的后果，不是他所能承担得起的。而后果包括发脾气、失去自制。要在跟别人拥有相等权利的事物上，多让步一点。而那些显然是你对的事情，就让得少一点。与其跟狗争道，被它咬一口，不如让它先走。因为就算宰了它，也治不好你的咬伤。"

天底下只有一种能在争论中获胜的方式，那就是避免争论。

蔺相如身为宰相，位高权重，而不与廉颇计较，处处礼让，何以如此？为国家社稷也。"将相和"，则全国团结，国无嫌隙，敌必不敢乘。蔺相如的忍辱，正是身负国家安定之"重"。然而也并非所有的"负重"者都能"忍辱"。

楚汉相争时，项羽吩咐大将曹咎坚守成皋，切勿出战，只要能阻住刘邦十五日，便是大功。不想项羽走后，刘邦、张良使了个骂城计，指名辱骂，甚至画了画，污辱曹咎。这一招还真灵，惹得曹咎怒从心起，早将项羽的嘱咐忘到九霄云外，立即带领人马，杀出城门。真谓是："冲冠将军不知计，一怒失却众貔貅。"汉军早已埋伏停当，只等项军出城人瓮，霎时地动山摇，杀得曹咎全军覆没。

曹咎身负重任，却因为一时冲动而做了一件无比愚蠢的事。因此，我们在头脑发热之时，一定要强迫自己想一想我的目标是什么？我这样做，是否有利于目标？

2006年5月9日，湖北省某高中高三年级，发生一起震惊当地的血案，复读生郭某因与同学发生口角，而将其刺死。10月17日，汉江中级法院对该案一审判决，行凶学生被判处无期徒刑。而让人深思的是，一名原本表现良好的高三学生，为何会酿下这样一起惨剧？

惨案发生的那天中午午休时，郭某在寝室给几个同学讲故事，秦某要郭某不要说话，郭某就把声音压低又讲了几句，秦某起床跟郭某叫板并发生了口角。很快两人便撕打在一起来，秦某用手将郭某的脖子抓了几下，郭某也用脚踢了秦某几下。如此几个回合后，才在寝室同学们的努力下拉开双方。

当天中午，郭某在商场买了一把水果刀。

下午，郭某走进教室看到，心里还是很气愤，于是从裤袋里掏出水果刀……

仅将这场悲剧简单归咎于口角之争，似乎并不准确，因为在口角之外，还存在着很深的社会以及个人因素，比如高考带来的压力，比如个人性格的偏激。但无论如何，口角之争是引起冲动的重要因素之一。

一个喜好与他人争论的人，很容易随着争论的升级而失去理智，或者因为争论令对方失去理智，导致自己在受到不理智的攻击之后，也冲动得失去理智。

 放慢生活也是理性的进步

"时间就是生命，时间就是金钱"，美国人富兰克林的这句名言激励了几代人，忙忙碌碌的生活节奏已经被大多数人所认同。但是现在，许多人逐渐意识到，过度忙碌是不健康、不科学的生活方式，因此一种倡导"慢生活"的生活方式悄然兴起。

意大利一个慢调生活组织提议设立"国际慢调生活日"。他们号召人们扔掉闹钟和手表，找回那些被工作挤占掉的业余时间，寻求一种悠闲的生活方式，可以让人们充分享受自由，享受高科技文明的便利，而不是做时间和技术的奴隶。

"最近实在是太忙了！"这几乎成了现代人永远的"口头禅"。
在我们生活的这个"疑似现代化"的时代，到处都充满着永无休止的忙碌和浮躁。世界就像是一个巨大的地铁车站，每个人都在心神不定地赶往下一站的路上。这样的状态让我们每个人终日沉浸在一种神经紧绷的状态里，以至于自己都无法料定哪一天这根神经呼的断裂。既如此，那又何不让我们的脚步"慢"下来，让我们悠闲地徜徉在生活的天地里，和它慢舞一曲？

比如，在频繁出差的空闲，带上妻子到郊外度假；在经常加班的时候，给自己到网上订购一些新奇的食物，在办公室办一个室内"野餐会"；在孩子学习不是很紧张的时候，带孩子去郊外看日出，让孩子知道什么是"地平线"。在享受这种全新的生活方式时，能使心灵得到放松，更好地反思自己的生活方式，使自己能享受一种健康的高品质的人生。慢生活没有固定的模式，敢于冒险的人可以去爬珠穆朗玛峰。渴望平淡的人可以让妻子休息一天，自己去超市买菜做饭，让妻子知道自己的厨艺也不比她差；对于经常加班的人，更容易操作的就是少熬一夜，多睡一会儿懒觉；每天按时上班的人，不妨为自己的迟到撒个小谎："今天不幸赶上堵车了。"很多人都有这样的感觉，忙碌的时候，感觉一分一秒都在工作、思考人生，只有这样才觉得人生最有意义，结果越忙越停不下来，甚至恐惧节假日的到来，甚至每到黄金周，都不知道不加班、不出差该怎么样安排自己的生活。慢下来以后，才意识到，原有的生活居然都被一个个紧凑的日程"侵占"掉了，侵占了一个个可以看日出的早晨，失去了一个个可以看星星的夜晚。

一个忙碌的父亲，在享受慢生活之后，发现自己竟然几年没有参加过孩子的家长会了，于是，他决定带孩子去拜访老师，亲自了解孩子的学习情况。一个忙碌的职场女性，慢下来以后，意识到自己的朋友圈里几乎没有未成家的了，想约出一个女伴一起逛街，居然非常难。于是，她决定招呼亲朋好友，赶紧帮自己张罗一个对象。一个忙碌的老人，辛辛苦苦帮女儿带孩子，等外孙子上了幼儿园，打开通信录，想联系老同事，才发现一些人的电话已经办了停机，随后，托人辗转打听，竟然发现是因为看孩子的时候太忙了，把人家搬家留给她的新号码丢掉了。

慢调生活并不是让每件事缓慢如牛，而希冀于让人们生活在一个更美好的世界里。那是一种平衡，该快则快、该慢则慢……慢调生活没有一成不变的公式和万用守则，每个人都有权利选择自己的生活节奏，如果能够容纳各种不同的速度，这个世界会变得更加丰富。现在这个世界的确太快了，快节奏带来的竞争压力让人几乎喘不过气来，过去形容工作是"奔忙"，现在用得更多的词是"奔命"。有太多生活在都市里的人因为快节奏的生活患上了心理甚至是生理上的疾病。所以，让生活回归其合理的节奏，是该将脚步放慢的时候了。

著名作家毕淑敏说过："人可能没有爱情，没有自由，没有健康，没有金钱，但我们必须有心情。"如果你渴望健康和美丽，如果你珍惜生命的每一寸光阴，如果你愿为这世界增添晴朗和欢乐，如果你即使倒下也面向太阳，那么，请保持住一个好心情吧。健康和欢乐，不是每一个人都能常常拥有的，它需要发现亦需要培养。

我们何不用一种平静的心态对待这些琐事，从中寻找兴趣和快乐。

有的时候，"慢"不仅是一种生活品位，更是一种生活品质。所以，我们还是让赶路的脚步慢下来吧！在工作和生活中适当放慢速度，耐心地体会生活的每一个细节、每一个过程，以欣赏的心态感受周围的人和事，这是慢调族的理想状态。慢调族将生活融入生活的方方面面，让其成为自己的生活态度。优雅的生活、舒适的睡眠、缓慢的饮食，处处尽显你的慢调态度与生活品质。

同时，慢调生活还有另外一个更为重要的意义，它会让你在心灵驿站慢慢思考，既可对过去进行总结，又可思考下一步的人生方向。人的心灵像一座美丽的花园，我们可以精心照料它，也可以任其荒芜。若不播下理性的种子，非理性的杂草就会在土壤中不断繁衍，以至于整个花园都会杂草丛生。思考像一位辛勤的园丁，它帮我们精心照料心灵的花园，除去杂草，施加养料，让心灵变成理性的王国。如此慢调的生活就不是浪费了，那是人性的过程，也是理性的进步。

冲动和争吵得不来胜利

公元前 131 年，罗马执政官马西努斯围攻希腊城镇帕枷米斯，他发现需要撞墙槌才能攻破城门。几天以前他曾看到过雅典船坞里有两支沉甸甸的船桅，便下令将其中较大的一支立刻送来。接到命令的雅典军械师认为，执政官想要的其实是较短的一支。于是与传达命令的士兵吵了起来，他觉得较短的比较适用，而且运送起来也比较容易，甚至画了一幅又一幅的图来表示自己才是专家。

士兵警告军械师，他们的长官是不容争辩的，他们了解长官的脾气。然而，军械师却问自己，服从一道会导致失败的命令，究竟有何意义？于是他毅然送过去较短的桅杆，他深信执政官会看出短桅杆比较有效，因而会公正地赏赐他。

等到短桅杆运抵时，马西努斯要求士兵做出解释，于是士兵把军械师如何为短桅杆争辩的情形描述了一遍。马西努斯盛怒，他无法集中心力攻城，或是考虑在敌方援军到来之前攻破城墙的重要性，脑中所想的只有那名自作主张的军械师。他下令立刻将军械师带来。

几天之后，军械师抵达了，他很高兴能向执政官当面解释为什么送来短桅杆。他滔滔不绝，说的还是同样的一套话，并表示在这些事务上听取专家的意见才是明智的，撞击城门时采用他所送来的短桅杆一定能够成功。马西努斯不待军械师说完，就砍掉了他的脑袋。

这名历史上未曾留下名字的军械师一辈子都在设计桅杆和柱子，在一个擅长这门技术的城市里，被推崇为最好的技师。他知道自己是对的，较短的撞墙槌速度比较快，力量也比较强。但怎么样呢？他却为此付出了生命的代价。

这名军械师是争强好辩者的典型，这种人我们到处都可以看到。

1688 年，英国建筑师雷恩爵士为西敏斯特市设计了富丽堂皇的市政厅，然而市长并不满意，事实上他很紧张。市长告诉雷恩，他

149

担心第三层楼不安全，会整个坍塌下来，压垮他在二楼的办公室，他要求雷恩再加两根石柱来支撑。雷恩这位首屈一指的工程师，很清楚市长的恐惧是无稽之谈，但他没有跟他吵架，而是又多加了两根石柱，市长非常高兴。一直到多年以后，工人在高高的鹰架上才看到所加的石柱并没有顶到天花板。

石柱是假的，不过是双方各取所需，市长可以松了一口气，而后世也将会了解雷恩原始的设计是成功的。

雷恩可比那位军械师聪明多了，他知道争吵得不到胜利，结果还可能会带来很多的麻烦，虽然，他放弃了为原本是正确的主张的争论，但他精湛的设计仍然得到了后世的认可和赞叹，并为他做人的圆融和行事风格所折服。

试想想，争吵能带给我们什么呢？能带来双方的快乐吗？能带来彼此间的尊重和理解吗？能带来深厚的友谊吗？能带来生活的安定吗？能证明你掌握的是真理，而别人的都是谬论吗？都不能。

争吵所能带给我们的只是心理上的烦躁，彼此的怨恨与误解，甚至多年的友情因之逝去，生活因之充满了火药味儿。真理也不会因为你的争争吵吵而屈身于你。争吵发生的时候，骤然升温的情绪之火灼烧着你的头脑，使你烦闷，使你愤怒，甚至想揍对方一顿。对方的强词夺理，唾沫横飞令你愤恨不已。而在对方眼里，你又何尝不是同样可恶的形象？

在争吵中，双方都会受到伤害。争吵往往并不会争出什么是非曲直来，其结果只会使双方都比以前更坚信自己是绝对正确的。其实，世间很多事物并非仅有一种说法，大多数都是可以"仁者见仁，智者见智"，为什么一定要去争个面红耳赤呢？

即使在争论中你振振有词，似乎有把对方逼得走投无路而终于被你打倒了的架势，但这样你就真正是一个胜利者了吗？当然不是。别人的观点被你攻击得千疮百孔，体无完肤，又能说明什么呢？证明了他的观点一无是处，证明你比他优越，你比他知识更广博吗？错了，你的所作所为使人家自惭，你伤了人家的自尊，你让别人当众出丑，人家只会怨恨你的胜利。不要幻想人家会从心底里敬佩你，向你屈服，你只会更加被人瞧不起。在你的洋洋自得中，你的虚荣得以满足，殊不知，此时的你在众人眼里只不过是一只好斗的公鸡而已。

当不断上升的情绪之火，达到足以烧毁你们仅存的一点理智的时候，一股无以抑制的仇恨之火便由心底升起。这就足以解释，为什么口角之争会发展到大动干戈的地步。

不要幻想人家会从心底里敬佩你，向你屈服，你只会更加被人瞧不起。在你的洋洋自得中，你的虚荣得以满足，殊不知，此时的你在众人眼里只不过是一只好斗的公鸡而已。

 ## 发怒会使人失去理智

发怒会使人失去理智，生活中很少有因为生气就使问题得到解决的，相反，常常因为愤怒把事情搞得更复杂了。因此，控制自己的愤怒，不被情绪牵着鼻子走是做人、做事成功的关键。

清朝的林则徐一生中信奉着这样的一句座右铭：制怒。一次他在处理公务时，盛怒之下把一只茶杯摔得粉碎。身边的几个随从赶快拿来扫帚，准备把碎片扫走。林则徐见后，意识到自己又生气了，便谢绝了随从的代劳，自己挽起袖子，亲自打扫摔碎的茶杯，表示悔过之意。

后来，林则徐为了随时提醒自己莫生气，便书写了"制怒"二字，高悬于公堂之上，以此告诫自己，遇事要心平气和，才能更理性地处理好事情。

当然，控制自己的怒气不是一件容易的事，因为它是一个人以理智战胜情绪激动的过程。因此，要想控制自己的情绪，除了遇事要冷静、要理解别人之外，更需要有宽阔的胸怀，去容纳难容之事。

在社会之中，一个不分是非曲直、动辄发怒的人，肯定不会受人欢迎。而且，一个人如果经常生气，也会损害自己的健康。《内经》里记载："百病生于气也。怒则气上，则伤脏。脏伤，则病起。"现代医学研究证明：即使是在非常轻微的恼怒情绪中，大脑也

第九章 冲动是魔鬼，理智是天使

会分泌出更多的应激激素，这时，人的呼吸道就会迅速扩张，使大脑、心脏和肌肉系统吸入更多的氧气，血管扩张，心跳加快，血糖水平升高。与此同时，暴怒还能击溃人体生物化学机制，使人抵抗力下降，容易被疾病侵袭。因此，控制自己的情绪，不生气，不动怒，会让自己受益终生。

愤怒是人们经历挫折后的一种本能反应。事实上，极端愤怒是精神错乱——每当一个人不能控制自己的行为时，他便有些精神错乱。因此，每当一个人气得失去理智时，他便暂时处于精神错乱状态。

在三国时期，关云长失掉荆州，败走麦城被杀，此事激怒了刘备，遂起兵攻打东吴。众臣之谏皆不听，实在是因小失大。正如赵云所说："国贼是曹操，非孙权也。宜先灭魏，则吴自服，操身虽毙，子丕篡盗，当因众心，早图中原……不应置魏，先与吴战。兵势一交，岂能骤解。"诸葛亮也上表谏止曰："臣亮等切以吴贼逞奸诡之计，致荆州有覆亡之祸；陨将星于斗牛，折天柱于楚地，此情哀痛，诚不可忘。但念迁汉鼎者，罪由曹操；移刘祚者，过非孙权。窃谓魏贼若除，则吴自宾服。愿陛下纳秦宓金石之言，以养士卒之力，别作良图。则社稷幸甚！天下幸甚！"可是刘备看完后，把表掷于地上，说："朕意已决，无得再谏。"执意起大军东征，最终导致兵败。

从上面的事例中就可看出，在关键时刻是不可以让怒火左右情感的。

作为领导者，应当提高自己控制愤怒情绪的能力，时时提醒自己，有意识地控制自己情绪的波动。千万别动不动就指责别人，喜怒无常。改掉这些坏毛病，努力使自己成为一个容易接受别人和被人接受、性格随和的人，只有这样的人才能办成大事。

顶嘴只会丧失同情与支持

只要你一开始顶嘴，马上就会丧失别人对你的同情与支持。

有时，当我们受到别人的非议时，我们没有必要与其辩驳，事实总会真相大白的。如果你与对方发生正面冲突，你就会吃亏上当。

在杜鲁门担任总统期间，曾有一位高中校长，竞选美国中西部某一州的国会议员。这个人的资历很好，又很精明能干，看来他很有希望赢得这项选举。

但是在选举的中期，有一个很小的谣言散布开来：三四年前在该州的首府举行的一次教育大会中，他跟一位年轻女教师"有那么一点暧昧的行为"。这真是一个弥天大谎，这位候选者感到非常愤怒，尽力想要辩解。

每一次聚会中，他都要站起来极力澄清这个恶毒的谣言。其实，大部分的选民根本没有听过这码事，直到这位候选人自己提出，他们才知道。

结果，这位候选人越声明自己是无辜的，人们却越相信这件事是事实，真是越描越黑。

选民振振有词地诘问："如果他真是无辜的，他为什么要百般为自己辩解呢？"如此火上浇油恶化下去，最后他彻底失败了。而且最悲哀的是，连他的太太最后也相信谣言了，夫妻之间的亲密关系被破坏无遗。

许多很有才气的人，都会遭到恶意的指控。但聪明人会采取适当策略，不辩自明。

在 1980 年美国总统大选期间，里根在一次关键性的电视辩论中，面对竞选对手卡特对他在当演员期间的生活作风问题发起的蓄意攻击，丝毫没有愤怒的表示，只是微微一笑，诙谐地调侃说："你又来这一套了。"一时引得听众哈哈大笑，反而把卡特推入尴尬的境地，从而为自己赢得了更多选民的信赖和支持，并最终获得了大选

153

的胜利。

生活中，我们有时会遇到一些恶意的指控、陷害，也时常遇到种种不如意，有些人会因此大动肝火，结果把事情搞得越来越糟！而那些能很好地控制住自己的情绪，泰然自若地面对各种刁难和不如意的人，在生活中总是立于不败之地。

要知道，一个我行我素的人，不会成功地行走于这个社会。因此，我们必须要学会约束自己，掌控自己。比尔·盖茨深刻地说："我们唯一能控制的是我们的头脑，如果我们不能控制它的话，别的力量就会来左右它了……"

会克制自己的人，就会发展自己；会发展自己的人，也会克制自己。我们要学会克制自己，用平和的心态面对所发生的一切事情。

大卫·史华兹担任大学教授的早期，曾经一直蝉联"退学委员会"的主席。这个委员会设立的目的是要制订出一些制度，好让那些成绩太差的必须退学的学生有所遵循。

在经过多次的开会商讨之后，委员会要对全体教职员提交一项报告。史华兹把这个报告交给大会主席后，就坐回原位了。接着，有一位教授忽然站起来，对这项报告的每一方面都横加批评。他把这个报告形容为"虚弱"、"幼稚"、"正如同作者一样不成熟"，他所做的批评真是极尽挑剔之能事。

史华兹当时很想立刻反唇相讥，但是，他还是强迫自己在表面上显得若无其事。

那位教授的长篇大论相当于史华兹作口头报告的两倍多的时间。之后会议主席转而对史华兹说："史华兹教授，你对这位教授的批评有什么补充说明？"史华兹当即站起来回答："对于这个报告不能讨好这位教授，我真是感到很抱歉。如果以我自己而言，我想要来一场公开投票。"

接下来又有少数几个人提出了批评，最后就真的投票表决了。投票结果是四比一支持这项报告，史华兹获胜了。

散会以后，一位有近40年大学行政工作经验的资深教授把史华兹拉到旁边，对他说："史华兹，我很高兴你刚才并没有跟他一般见识，你有很充分的理由将他逼得发狂，也可以针对他的指控，以同样的方式予以回击。今天在座的每一位同仁，都认为他的批评有悖常理，但是只要你一开始顶嘴，马上就会丧失别人对你的同情与支持。"

他继续说："我们都认为自己很文明，但是文明有不同的等级。一个未开化的人，听到他不喜欢的批评时，很快就会使用拳头攻击对方。半文明程度的人，不会使用拳头，而是用嘴巴，用恶毒的语言来反击对方。至于十分文明的人，是不屑于使用拳头与嘴巴来反击的，他只是拒绝反击而已，他深知能获胜的唯一方法就是不理会他。"

如果你与对方发生正面冲突，你就会吃亏上当。

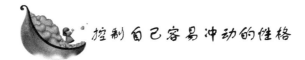

控制自己容易冲动的性格

美利坚合众国的人民有史以来最尊敬，最重视的伟人，被评为美国三大总统之一的乔治·华盛顿。他不仅是美国人民的伟人，也是世界性的伟人。他在历练自己性格方面的事迹，给人们人留下了深刻的印象。年轻时的所有不幸遭遇，造就了华盛顿后来的众所周知的坚韧不拔的性格。他学会了要成功地对付环境的唯一办法，是要严格地控制自己容易冲动的性格。

甚至在华盛顿还是一名小学生时，就开始了他毕生不断的，约束自己情绪的努力，他辛勤地抄写了一百多条"怎样成为一名绅士"的准则，其中包括不要在饭桌上剔牙，以及同别人谈话时不要离得太近，以免"唾沫星子溅在人家脸上"等诚言。

1754年，已经身为上校的华盛顿率部驻防亚历山大市，当时正值弗吉尼亚州议会选举议员，有一个名叫威廉·佩恩的人反对华盛顿支持的一个候选人。有一次，华盛顿就选举问题和佩恩展开了一场激烈的争论。其间华盛顿失口，说了几句侮辱性的话。身材矮小、脾气暴躁的佩恩怒不可遏，挥起手中的山核桃木手杖将华盛顿打倒在地。

为了给他们的长官报仇雪恨，华盛顿的属下蜂拥而至，可是在这个时候，华盛顿却出面阻止并说服大家，平静地退回营地，一切由他自己来处理。翌日上午，华盛顿托人带给佩恩一张便条，约他到当地一家酒店会面。佩恩自然而然地以为华盛顿会要求他进行道歉，以及提出决斗的挑战。料想必有一场恶斗。到了酒店，大出佩恩之所料，他看到的不是手枪，而是酒杯。华盛顿站起身来，笑容可掬，并伸出手来迎接他。

华盛顿这样说："佩恩先生，人都有犯错误的时候，昨天确实是我的过错，你已采取行动挽回了面子。如果你觉得已经足够，那么就请握住我的手，让我们做个朋友吧！"这件事就这样皆大欢喜地了结了。从这之后，佩恩和华盛顿冰释前嫌，而且成了华盛顿一个坚定的崇拜者和支持者。

人们都应该明白这样一个道理，并不是像英雄主义肥皂剧里所演绎的那样，冲动的性格，绝不是真正的英雄性格。

冲动的基础是性格的缺陷、心态的错位，冲动通常在受到外界强烈刺激的情形下产生。此时意识褊狭，言谈举止很难受到中枢神经的有力调节和控制，结果语言出格、行为失常，贸然行事，以致带来不同程度的破坏性。例如受到侮辱后把人骂得狗血喷头、争执时遭人推搡而还以拳脚，把人殴伤等；儿童则往往表现为踢人、咬人。

冲动也可以在怨恨和愤懑长期郁积于胸无法排遣而在外界出现微不足道刺激的情形下发生，此时外界的刺激只是个导火线，同样也会产生破坏性的后果。例如某种需要因人为因素长期得不到满足、或始终得不到公正待遇、与某人长时期矛盾隔阂而难以消解等，这时就会因一件小事而大发雷霆、大动干戈，以释放日积月累的内在紧张情绪；儿童则会表现为无理哭闹、大声叫喊和扔东西、头撞墙。

冲动还可以在我行我素惯了、容不得半点冒犯而偏偏遇到抵触的情形下发生，在这种情况下稍受抵触便走极端，或硬上蛮干，谁也休想阻挡，或绝情寡义，顾不得友谊亲情，结果常常弄得矛盾加深、两败俱伤。

冲
动
是
最
危
险
的
伙
伴

切忌一时冲动与领导争执

古往今来，下属服从领导似乎是天经地义的事。但当我们把目光聚焦于现实之中，却会发现桀骜不驯的"刺头"不乏其人，甚至每个人都有过冲撞领导的惊险时刻。

事过之后，我们大多会为自己不应该有的冲动懊悔。可是往往这种"醒悟"来得太晚，由于自己脾气来得太急，以至于自身的形象在领导心里打了折扣，往后的日子也好过不到哪里去。

在各电视台热播的电视剧《手机》中有这么一个桥段：费墨和严守一的新领导段总上任后训话，严守一不耐烦地打断领导讲话，让段总心生不满，此后他多次对严守一加以刁难。

显然，严守一不懂得遵守身为下属的"规范"，不懂得"切勿打断领导发言，学会少说多做"的职场规则。

天津市塘沽区有个集团公司，总经理是颇有名气的企业家，然而也是有"争议"的人物。有人说他是"两头冒尖"，也就是他的优点和缺点都很突出。论其优点，他才能出众，有管理现代企业的经验，在企业管理中取得了突出的成绩；说其缺点，他极有个性，不那么"听话"，同某些主管部门的领导关系不融洽。这位总经理的所作所为在一些人中间引起了争论，有人夸奖他，有人斥责他。夸奖他的人说他有不同凡响的业绩，是个能人；斥责他的人说他毛病特多，不好管理。不过好在主管部门的领导不糊涂，没有因为他有明显的缺点而弃之不用。

显然，这位经理是幸运的。但并不是所有人都有他这么幸运，曾经轰动一时的"张鸣事件"或许就是最好的例证。

据媒体报道，身为中国人民大学教授的张鸣因为"炮轰"学院院长而被迫辞职。事情的原委是这样的：

张鸣是人大国际关系学院原政治学系主任，他在其博客上发文称，他将因为和院领导之间发生的两件事而产生冲突，"也许将离开

第九章　冲动是魔鬼，理智是天使

157

人大"。在博客上，张鸣大曝现在的高校已经俨然"衙门"。文章引来众多网友关注。有网友说，这只是一场个人恩怨。也有人说，这是一个人对抗官僚化的战斗。

据知情第三方人士透露，张鸣在其博客上所述两次冲突基本属实，此前该学院也有教师因"破坏团结"被领导挤走。

知情老师透露，在一些场合，院长也曾说张鸣损伤了自己的尊严，对自己不敬畏。

看到这里，我们姑且不去探究张鸣教授的做法是否正确，仅就事情的结果来看，显然是对他不利的。

不得不承认，职场是一个看似简单实际却复杂的小社会，有时候表面的平静下，也许隐藏了暗礁。

特别是在领导面前，顶撞是万万要不得的。即使有时领导是无理取闹，即使有时他是在转嫁上级给他的压力，作为下属也要表现出领导有理的样子。如果不是重大原则性问题，争论几句，赢了又如何？给领导一个面子吧，即使下定决心要离职，也还是理智为好。

"您好，"我对老总说，"昨天我交给您的文件签了吗？"老总转动眼睛想了想，然后翻箱倒柜地在办公室里折腾了一番，最后他耸了耸肩，摊开两手无奈地说："对不起，我从未见过你的文件。"

如果是刚从学校毕业的我，就会义正言辞地说："我看着您的秘书将文件摆在桌子上，您可能将它卷进废纸篓了！"可我现在才不会这样说呢。既然老总能睁眼说瞎话，我又何必与他计较呢？我要的是他的签字。

于是我平静地说："那好吧，我回去找找那份文件。"于是，我下楼回到自己的办公室，把电脑中的文件重新调出再次打印。

当我再次把文件放到老总面前时，他连看都没看就签了字，其实他比我还清楚文件原稿的去向。

签字正是我所想要的东西，而不是无谓的争执。

这一点，是不是还可以用在对待你的下属身上呢？当你追问某些任务的结果时，你时常会听到这样的话："不知道啊，您根本就没有告诉我呀！"在没有任何对证的情况下，请你沉住气，你只要大声地请他去做就可以了，并且在下次交代工作时要尽量做到有凭有据。

面对难为你的上司，我们要的是工作及工作的结果，我们要的绝不是一口气。

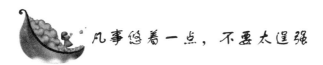 **凡事悠着一点，不要太逞强**

人的自尊心比金钱还要重要。一个人如果失去了少许金钱，或许还可以忍受，一旦自尊心受到伤害，就无法预测他将会干出什么事来。有时候，本无伤人之意，却可能因为一句无心的话伤害别人，甚至可能为自己树立一个敌人，言行的谨慎看来是很重要的。

从前有某显宦，喜欢下棋，自负是国手。有一天，他门下的一名食客与他下棋，一出手就咄咄逼人。比赛到后来，竟逼得显宦心神失常，满头大汗。食客见对方焦急的神情，格外高兴，故意留下一个破绽。显宦满以为可以转败为胜，谁知食客一出妙手，局面立时翻盘。食客很得意地道："你还想不死么？"显宦遭此打击，心中很不高兴，立起身来就走。虽然显宦有很深的修养，胸襟宽大，但也受不了这种刺激，因此对这个食客始终不肯重用。而这个食客呢，他一直都不懂为什么显宦不再与他下棋了，一生都郁郁不得志，以食客身份终其身。也许他会自认命薄，却不知是他忽略了对方的自尊心，控制不住自己的好胜心，使小过铸成终身的大错。

事无论大小，忽略了对方的自尊心，控制不住自己的好胜心，往往使小过铸成终身的大错。

职场中有很多人都认为，要想坐稳自己的位置，并且步步高升，就一定要在工作中尽可能多地突出自己的能力。因此，这些人在工作中处处争强好胜，而且总爱把别人比下去，把自己的能耐表现出来。但他们没有想到，过犹不及，处处锋芒毕露只能引起同事的反感，同时也给自己增加很大的压力。

如果是偶尔卖弄一点自己的知识，炫耀一点自己的才能，露一点"峥嵘"，也是可以理解的。但若一个人恣意地放任自我、恣意地逞能、恣意地逞强，那就很可能走向事物的反面。

159

在《庄子寓言》中有这样一个故事：古时候，一位吴王坐船在大江上游玩，攀登上一座猴山。一群猴子看见了，都惊慌地四散逃跑，躲在荆棘丛；唯独有一只猴子，却扬扬得意地跳来跳去，故意在吴王面前卖弄灵巧。吴王拿起弓箭向它射去，那猴子敏捷地把飞箭接住了。吴王下令左右的侍从一齐放箭，那只猴子便被射死了。吴王回过头对他的朋友说："这只猴子夸耀自己的灵巧，仗恃自己的敏捷，在我面前表示骄傲，以至于这样死去了。警惕呀！不要拿你的地位去向别人耍威风呀！"

回去以后，吴王的朋友就拜一位贤人为老师，尽力克服自己的娇气，远离美色声乐，不再抛头露面。过了三年，全国人都称誉他。

一个过于逞能、逞强的人，很容易摆不正自我与他人之间的关系，会产生只有自己才行，其他人统统不行的感觉，久而久之，就会变成一个"自高自大的人……不承认世界上有比他更强更高的人，不承认客观实际，目空一切。"显然，故事中那只"能耐"的猴子正是现实中一些喜欢逞强的人的代表。他们目中无人，藐视一切权威，藐视一切规则。殊不知，这样做的结果只能是孤立自我、脱离群众。

毕业于名校、能力出众的李海刚到单位工作时，为了突出自己的能力，不仅把自己的工作做好，还处处帮助同事。一开始，同事们还很喜欢他，可后来他发现同事们个个都疏远他，部门主管也时常刁难他，这让他一头雾水。

后来听到同事在背后的"议论"才发现，自己在他们眼里锋芒毕露、争强好胜，看似帮助同事，实则在为自己的功劳簿上添功。同事小陈说："他这个人虽然没有害人之心，但太过于表现自己了，总把别人看成自己的竞争对手，而想方设法压倒别人，特别是有领导在场的时候他更这样。那次，我的电脑遇到了一个小问题，我叫钱姐帮忙，当钱姐正在帮我做事的时候，李海却跑过来抢了钱姐手里的工具修起了电脑，还说'这么简单的事都不会做，你真笨'。虽然电脑修好了，但我心里一点也不舒服，人家又没叫你来帮忙。"

一位专家说过，如果一个人无论是在大事或小事、公事或私事、国事或家事等方面过于逞能逞强，处处表现自我、突出自我，那么，这就意味着他在无形之中从许多方面都剥夺了其他人施展才华、能力的机会，无形中增加了他与其他人之间的矛盾、冲突的可能性。这样一来所得的结果自然是像故事中的李海这样：自己会处处碰壁和受阻，处于众矢之的的重围之中。就像伊索在《人生珍言录》里所说的那样：大胆傲慢的人常为生活的不幸所打倒。

另外，假如一个人过于逞能逞强的话，还会显得过于贪婪和不自量力。同时，他会经常用口出狂言，小事不肯做，大事做不来，变得虚荣心极强。

其实，那些喜欢逞能的"能人"，实际上是人的社会性和社会技巧的一种不成熟的表现，其结果必然是适得其反。而成熟的能人，他不仅能驾驭自己的事业，而且能很好地驾驭周围的社会关系和人际关系，这类人是不会不成功的。

因此，我们衷心地劝慰那些认为自己了不起的人们，当社会还没有对"能人文化"认同、容纳时，当"能人"还不具有相当的社会技巧、社会经验时，还没有足够的手段进行自我保护时，最好还是悠着一点，不要太逞强。

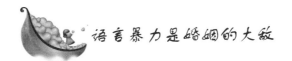

语言暴力是婚姻的大敌

我们通常看到人们对婚姻的描述里，既有恋爱的快乐及婚姻带给人的幸福，也有婚姻遇到了问题时如何应对和处理的方式。不难发现，一些女性在处理婚姻问题时比较容易冲动，容易使用自己的三寸不烂之舌、两行凌厉之齿把对方给"嚼"了。而这就是现在许多"冲动型"妻子惯用的方式——语言虐待。但身为妻子的你也许并不清楚，语言暴力和身体暴力一样，也具有很强的毁灭力。它会摧毁尊重、信任、倾慕以及亲密感等这些健康婚姻的关键性要素。

语言暴力是一场战争，运用语言作为炸弹或手榴弹，用以惩罚对方、归咎于对方，并以此辩护自己的行为和决定是如何正确。虐待的言语充满了挖苦和贬抑，企图使丈夫感到难过，让对方看起来是错的一方，也使对方看起来是无能的。几乎任何一件小事都会引起一场语言的轰炸，一个眼神、一次说话的口气，打破一个盘子，或一个哭闹的婴儿，都会引爆妻子施虐的弹药库。

一个语言暴力的妻子就是要惩罚、虐待并且控制其丈夫，而她的行为是无法自我克制且是持续不断的，对丈夫的感受毫无同情心。长期以来饱受语言虐待的丈夫们都说："我的情感已经死了，我以前会觉得受伤和愤怒，但现在，我所有的感觉就是冷漠。"那么，对成千上万受语言虐待的丈夫来说，是不是还有希望？但这个希望并不是你挥一挥魔杖就能出现的，它有点像一部运动的机器，需要努力，并且持续不断。

张熙蕊家的米吃完了，她让丈夫下班时顺便把米买回来，由于丈夫下班只顾思考工作上的事忘了买米，回到家就被张熙蕊一顿数落。先从没把米买回来说起，然后又怪丈夫把报纸放错了地方，接着又说他只顾看电视、不爱换衣服……然后把陈年旧事一一翻出来数落：怪不得你的第一个老婆不要你；你就像你那老姐一样地难以相处；怪不得你老错过迁升机会……最后丈夫忍受不了，一巴掌打到了张熙蕊的脸上……

从一件买米的小事引发了这么多的大问题，就因丈夫没有买米的事情而承受了张熙蕊用尖刻的语言暴力攻击。丈夫承受不了，只有用武力来使其住嘴。这就形成了一个用语言暴力攻击，一个用肢体暴力来攻击。还有些丈夫会摔门而出，夜不归宿，相互冷战。

45岁的王女士因家庭琐事与老公发生激烈争吵，争执之间，两人恶语相向，王女士的老公骂道："你不如去死了算了。"王女士悲愤之下，竟将耳朵上的一对白金耳环扯下，猛地吞下去。不久，王女士就因腹部疼痛不已而不住呻吟。其老公见情况不妙，忙低头认错，迅速将王女士送到医院急救。

医生为其检查后，发现耳环已经落入了王女士的小肠内，用胃镜异物钳已无法取出，只能住院观察。其间，医生为防止耳环刺破肠壁，试着利用药物促使其从大便中排出体外。幸运的是，这对耳环在肠内滞留了3天，竟没有刺破小肠，王女士在上厕所时顺利地将这对耳环排出体外，从而避免了手术取物带来的疼痛和损伤。

可见，语言暴力是婚姻的大敌。它会摧毁夫妻间相互尊重、相互信任、相互倾慕的情感，会使双方的亲密感一点点的腐蚀，语言的虐待对婚姻的毁灭力与身体的虐待并无二致。对于男人来说，尤其对于善于思考而不善于言辞的男人，语言暴力是极其痛苦的惩罚。语言暴力会使他们大脑疼痛，有时难以忍受。

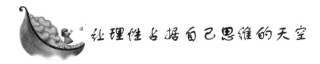
让理性占据自己思维的天空

人类的天性有两种截然不同的层面：一是理性化，一是情绪化。而冲动为情绪化的一种。

日常生活和工作中，我们常听到"这个人缺乏理性"、"这个人太情绪化了"等，显然，人们无形中就将理性和情绪分别开来，而情绪化的人显然没能让理性占据自己思维的天空，而是让情绪的云层遮盖得严严实实。

很多时候，特别是坏情绪来打搅我们的时候，我们需要的是拨开乌云，重见蔚蓝的天空，因为这才是我们想看的最真实的世界。

2008 年汶川地震发生后，全国人民掀起了领养孤儿的热潮，然而此时一名唐山地震孤儿的肺腑之言唤起了许多人的深思。他这样说道："善良的人们，请你们冷静下来，不要急于领养他们！"他并不是要阻止好心的人们领养孤儿，只是想请大家冷静思考一下，自己是否真正有能力抚养这些敏感、需要特殊和细致关怀的孩子。

这同样引起了心理学家的关注，他们同样考虑到，收养家庭是否真的能从心理上体会孤儿的内心感受，是否能给他们真正的幸福生活？对此，北京大学心理系教授谢晓非在接受媒体采访时指出，在收养孤儿的过程中，有很多潜在的风险，并且难以评估。她表达了对个体收养可能出现的问题的担忧：

首先是交流隔阂，即领养家庭很难体会孤儿在这次灾难中受到的心灵创伤，心理感受上的差异会给双方的交流带来阻碍，造成一定的隔阂，甚至引起双方的敌意、对立，使领养家庭和孩子都受到

伤害。

其次是适应困难，因为文化背景、家庭环境、生活习惯等方面的差异，也可能让孤儿在收养家庭中难以适应，加之亲生父母天生的血缘关系很难被替代，孩子的家庭教育难以顺利开展。

最后一点是易受伤害，一旦收养家庭出现不和睦或者婚姻破裂，孤儿经受的心灵伤害将更为严重，容易导致心理疾病。

谢教授提出："也许集体性收养是更好的方式，因为同样的经历会让孩子们得到一个平等的交流氛围，从而更容易使孤儿们获得心理平衡，抚平心灵伤痕。"谢教授同时建议，可以让地震中失去孩子的家庭优先收养孤儿，因为同样痛失家园的人们最能理解彼此，更容易找到情感的共鸣点。另外，如果有条件，个体家庭同时领养两名孤儿，也有利于创造出平等交流的环境，有助于孩子的健康成长。

收养孤儿虽然是善意之举，但是看完唐山地震时的那位孤儿和谢教授的话，我们可以充分认识到，原来这种看似善意的举动还需要考虑更多的因素，如果处理不好，只一味地表达自己的善意，对那些遭遇悲惨的孩子未必全是好事。

可见，我们在做任何事情的时候，都不要只看表面，而应更深入地分析我们的所作所为能否实现我们预期的目标。

多年前的一个夜晚，一个年轻人心情烦躁地走到悬崖边。他对无聊而平淡的生活失去了信心，感到这样的生活没有任何意义，他厌倦了人世间的艰辛和孤独，决定跳下悬崖了断自己的一生。

他伫立于悬崖边很久，就在决心跳下去的那一刻，突然有隐隐约约的声音传来，他仔细倾听，原来是婴儿稚嫩的啼哭声。

顿时，一种从未有过的激动感从内心深处迸发出来，让他真切地明白到若是这么轻易地结束自己的生命，真的是对不住父母的生养之恩，愧为人子的道德。于是他改变想法，极力挣脱出诱惑他自杀的死神的魔爪，循着哭声奔走过去。

从此以后，他非常珍惜自己的生命，发愤读书，拼搏进取，越挫越勇，终成大器，从而造就了人生的辉煌。

而这位决心跳楼自杀的年轻人就是后来成为俄国伟大文学家的屠格涅夫。

冲动是最危险的伙伴

在生活中，许多人都会产生一时冲动的心理现象，冲动就是在不完整理性状况下的心理状态和随之而来的一系列行为，这是意志薄弱的一种表现。

大多数成功的人，都能够对情绪收放自如。这时候，情绪已不仅仅是表达情感，更是一种重要的生存智慧。如果无法控制自己的不良情绪，随心所欲，为所欲为，就会给自己带来毁灭性的灾害。若能够很好地控制自己的情绪，就会化险为夷。

第九章　冲动是魔鬼，理智是天使

165

第十章　冲动是魔鬼，糊涂是宝贝

　　世上的事本是平常，而往往是人们自身把事情看得过于严重，让一些小事占据了自己的内心，进而忧虑不安。

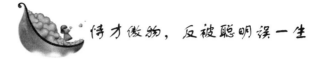
恃才傲物，反被聪明误一生

苏轼在总结自己坎坷一生的教训时，很懊丧地叹息说："人皆养子望聪明，我被聪明误一生。"

苏轼不能不说是一个聪明的天才人物，曾被欧阳修称之为"嬉笑怒骂，皆成文章"的大文豪。他在诗词、散文创作上的成就，在中国文学史上是占有重要地位的。但是如果说他事事聪明、一生都聪明，却不敢苟同。特别是他在政治上、官场上的表现，不仅不能说是聪明，反而应该说是愚蠢。

史书上记载，苏轼有一天下朝后，两手抚摸着自己的大腹问家人里面是什么呢？有的说是满腹文章，有的说是满腹机关，只有他的爱妾王朝云一语道破——一肚子不合时宜。苏轼长叹一声："知我者，朝云也。"就是说，连他自己也明白，"不合时宜"是他一生坎坷的主要症结。

常言道"识时务者为俊杰"。苏轼在政治上一辈子都不识时务，实在算不上聪明。且看他的表现：苏轼一贯自恃聪明，谁当权他就反对谁。不分主次，不分环境，不管上下，只要不符合他的意思，就坚决反对。王安石推行变法，他反对；司马光上台复旧，他反对；程颐、程灏提出新的理学观点，他也反对……当然，他反对人家自有他的理由，有些意见也是正确的。

但是，他常常不分青红皂白，为表现自己与众不同，有独到的见解而钻牛角尖，因此积怨众多，四处树敌，一生也多波折和磨难。你能说他的人生厄运与他处世方法过于自信没有关系吗？尽管他为国为民的出发点是好的，但往往因为方法上过于简单直白，则欲速不达，甚至适得其反。他后来遭人嫉妒、陷害，几度入朝，反复被贬，都与此很有关系。

由此可见，苏轼自誉为聪明一生，其实，他有时在具体事情上是聪明的，而在一些原则上是糊涂的。古今中外一些有点才气的人物，所以怀才不遇，其志难展，除了客观原因之外，很大的程度上在于其自身的问题。他们有的恃才傲物，唯我独尊；有的脱离实际，脱离人民，"世人皆醉我独醒"；有的自以为满腹才学，其实只会纸上谈兵。如果上述这些属有才可恃、使蛮耍傲有资本的话，值得警惕的倒是另外一种情况，那就是胸无点墨，以敢于跟上司唱对台戏为荣，不管上头是对是错，是上就反，以为老子天下第一，目无领导，无法无天。让这类人逞一时之威，自然有碍实现社会和谐。

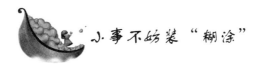

小事不妨装"糊涂"

世上的事本是平常，而往往是人们自身把事情看得过于严重，让一些小事占据了自己的内心，进而忧虑不安。殊不知，人活着有些时候真的需要一点点傻。对很多的小事不去在意，实际上是为自己设置了一道心理保护防线。不仅不去主动地制造一些烦恼的信息来进行自我刺激，而且即使在真正面对不愉快的事情时，也要真正做到"身稳如山岳，心境似止水；任凭风浪起，稳坐钓鱼台"的境界。这才是一种自我保护的方法。

简单来说，同样一件事，想通了是天堂，想不通就是地狱！

一位师父和他徒弟分别有一年之久了，彼此都十分挂念。有一天二人终得相见，师父问："徒儿，你这一年都做了些什么事？"

徒弟回答说："徒儿开了一片荒地，种了一些庄稼和蔬菜，每天挑水浇地、锄草除虫，收成还不错。"

师父赞许地说："你这一年过得很充实呀！"

徒弟便问："师父，您这一年都做了些什么事？"

师父笑着答道："我过了白天就过晚上。"

徒弟随意地说道："您这一年过得也很充实呀！"

刚说完，他就觉得自己这样说很不妥，话语中似乎带着讽刺的味道，于是涨红了脸，情不自禁地咂了咂舌头，心想："我这样说，师父肯定以为我在取笑他，我实在是太不应该说这样的话。"

徒弟的窘态哪能逃过师父的法眼，就在徒弟想着如何为刚才所说的话进行补救的时候，师父责备他说："只不过是一句话，你为什么要看得那么严重？"

徒弟仔细一想，明白了师父的用意："偶尔的小疏忽，或者无意的小过失，只要不是成心那样做的，又没有引起什么严重的后果，那就随它去吧，没有必要老是把它放在心上太当回事。"

想到这里，徒弟便对师父说："我们开始上课吧！"

师父赞许地点了点头。

生活中，人们就是太在乎别人怎么说、怎么看了，于是经常被一些不必要的事情烦扰，怕别人责怪而自责、怕别人取笑而自卑、怕难堪而自闭。

也许你有过这样的体验：某一天你突然发现 A 君对张三、李四很好，但对你却不冷不热，可你想不出曾做错什么，想不出什么地方得罪了他。其实，这个时候你不必惊慌、更不必烦恼，在一次次的自问和猜测间，你耗掉的是自己的时间，消磨掉的是自己的信心。其实，A 君对你的态度并不能改变什么实质性的东西，或许本来就不是你的问题，你何必因此扰乱心理平衡呢？再仔细想想 B 君不是对你很好而对别人冷冷淡淡吗？这样就够了。

对于别人冷漠的表情、窃窃的私语不必去在意，对于别人怎样待你、怎样评价你不必费心去揣测；对于微小的得失、过错或失败不必在意，那只是成长路上的一个小插曲。让自己学着豁达一点，超然一点，平静喜悦地走过每一个日子，然后再回过头想想所经过的是非得失、喜怒哀乐、苦辣酸甜，你会发觉眼前突然变得明亮开朗，原来，生活还是充满了七彩光芒。与其去在意那些无谓的事情，还不如把时光留给自己，读自己喜欢的书，倾听迷人的音乐，到田野去走走……你会发现，在我们的生命中值得留意的东西有很多，实在不值得自己去挂怀别人的态度。

所以说，要想让自己活得轻松，活得开心，活得有意义，就不必在意一些无关紧要的小事，不要把自己的时间和精力用在自寻烦恼和寻找人际关系的障碍上，能给我们包袱的只是我们自己，别人的留意只是一时的。很多年以后，再去问别人是否记得你当年是多么的出丑，很多人肯定已经不记得了，甚至有人已经忘记你是谁了。

做人难得糊涂

古人云："聪明有大小之分，糊涂有真假之分，所谓小聪明大糊涂是真糊涂假智慧。而大聪明小糊涂乃假糊涂真智慧。所谓做人难得糊涂，正是把自己的聪明智慧隐藏于难得的糊涂之中。"

在这个世上只要懂得生存之道的人，就明白什么是糊涂；糊涂也有真糊涂，有的人是装糊涂。这个世界上真糊涂的人并不多，真糊涂者，弄不懂勾心斗角，分不出眉高眼低，不会察言观色，不会见风使舵，不会脑筋急转弯，不会正话反说，不会欲擒故纵；真糊涂是无话可说，因为想说也没得说，说了也是十句有八句错，多数时候也没有人听他们去说，所以不如不说。

装糊涂即大彻大悟型，这种类型的人就是有话不说，虽上知天文，下知地理，知彼知己，前知五百后知八百，事事预料如神，可他就是宁可烂在肚里也不说，因为世人皆醉我独醒，多说必有害无益。所以，明白人只好沉默、装傻；这样的人，成功是一种必然，失败是一种偶然。

所以，要想成就大事业也不妨试试装糊涂的方法，我们都要经受得起时间考验。聪明只能带来一时的成功，总有机关算尽的时候。当然，聪明不是错，更不是罪，关键是要用好自己的聪明，有时候装糊涂也不失为聪明的一种表现。这样，才能为自己的人生锦上添花，而不会让它成为美丽的泡沫。

美国总统威尔逊小时候看起来就比较笨，镇上很多人都喜欢和他开玩笑，有事没事就会拿他寻开心。一天，他的一个同学手中拿着一美元和五美分的钱，问小威尔逊会选择拿哪一个。威尔逊想都没想地回答："我要五美分。""哈哈，他放着一美元不要，却要五美分。"同伴们哈哈大笑，把他的笑话四处传播。许多人不信小威尔逊竟有这么傻，纷纷拿着钱来试试这到底是不是真的。然而屡试不爽；每次小威尔逊都回答"我要五美分。"整个学校都传遍了这个笑话，于是每天都有人用同样的方法愚弄他，然后很满意地离开。

终于，他的老师知道这件事后，当面询问小威尔逊："难道你连一美元和五美分都分不清大小吗？""我当然知道。但是，我如果要了一美元的话，就不会再有人拿钱来试了，那么我就会一分钱也赚不到了。"你看，威尔逊只是不愿把心思放在贪图小利的小聪明上，而只着眼于装糊涂。因此，我们必须通过实践去把聪明转变成智慧，在智慧的基础上行动，从而能够事半功倍。

世上也有不少要小聪明的人，小聪明便是什么都想拿，可是拿得起又放不下，因为小聪明者的心胸狭小，吃不得半点亏；出了问题就整天抱怨人生怎么那么多不如意，活着怎么那么累，其实，都是小聪明惹的祸；这样的人说起话来一串儿一串儿的，办起事来一套儿一套；这样的人，对什么事都明白点，但只知其表不知其理，只知近喜，不懂远虑；这样的人成功是一种偶然，失败是一种必然。

世上最幸福的人是什么人呢？就是那些糊涂的人，看起来糊涂，一生如此。当然，偶尔聪明一两回，倒也无妨大碍。次之才是聪明人，也是生来聪明，一生如此，明察秋毫，料事如神。只是聪明人好强争胜，且有抱负，常被委以重任，劳心伤神，即使不走聪明反被聪明误这条道，到头来也是劳累一生，难免折寿。最惨的是聪明一世糊涂一时之人，天天算计，智者千虑，却难免终有一失，聪明不是大聪明，糊涂不是大糊涂，两头不占，也只好自找难看。

为什么说糊涂的人是最幸福的人呢？因为糊涂，看起来很不明事理，很多事情看不明白，便少了很多烦恼。没有烦恼便是幸福；因为糊涂，有事不敢让你去做，反而乐得清闲。事做不好，因为你糊涂，大家也不认为你有意，偶尔做好，给人一个意外的惊喜，认为你还有一些优点；因为糊涂，还可以衬托出别人的聪明，常使别人在你面前信心十足，多获褒奖。于是无人妒恨，少有暗箭，乐得逍遥，就可以明哲保身了。

难得糊涂，也就达到了人生的最高境界。这样的人明白官场的蝇营狗苟，但不同流合污；明白人生的起起落落，但不随波逐流；明白生活的悲欢离合，但不陷其中。这样的人是跳出明白看明白，是山外看山，是沉醉糊涂悟糊涂，是乐在其中。这样的人把社会当成舞台，把自己当成观众，高兴时也可以上去跳一会，不高兴或累了就下来休息一下，活得洒脱而自在。

郑板桥说过："试看世间会打算的，何曾打算得别人一点，真是算尽自家耳！"世上最可悲悯的人，他们往往自我感觉不错，正是所谓"贼是小人，智过君子"之人，是那些具有君子的智力却怀持小人之贼心的人。

他们最大的敌人就是他们自己。所以为人处世与其聪明狡诈，不如糊里糊涂、淳朴善良一些。

聪明与糊涂是人际关系范畴内必不可少的技巧与艺术，其本身并无优劣之分。只不过太聪明的人，要学会装糊涂，对自己都是有点好处的。古人云："心底无私天地宽。"天地一宽，对一些琐碎小事，就不会太当真，也就不会有烦恼，怨恨更谈不上。得糊涂时且糊涂，是做人的真谛，所以会装糊涂的人才是真正的聪明人。

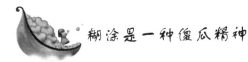

糊涂是一种傻瓜精神

在生活中，糊涂做人有人缘，做事有机缘，糊里糊涂看起来傻乎乎的，但却总是笑到最后。因此，糊涂不是昏庸，而是为人处世豁达大度，拿得起，放得下。生活中，真正的聪明人都是懂得糊涂的道理。他们遇到任何事绝不自作聪明，高谈阔论，相反他们总是做出一副对什么都不懂、什么都不清楚的样子，躲躲闪闪装糊涂。这样的人心知肚明，可是从来不会去得罪人。他们不管处在什么样的环境中都能够左右逢源，活得很是舒坦。

从前有一个禅师叫做"无相大师"。无相大师在教导他弟子的时候，常常跟他们说："修行就是要宁愿做傻瓜，要有傻瓜的精神才可能证悟，才有可能开悟。"禅师讲的次数多了，他的弟子都把这些话牢牢地记在心中："师父常常说宁做傻瓜。"

有一天，忽然下起了大雨，庙里漏雨漏得特别厉害，大师大声

173

叫弟子赶快来接雨，然而大部弟子都不在庙里，只剩两个，听到师父叫，赶快拿了桶子来接雨。一个弟子拿一个很小的桶子冲出来。无相大师看了就说："雨下得那么厉害，漏了好几个地方，只拿了一个这么小的桶子，真是傻瓜。"这个弟子听了心里很是不快，心想："我急急忙忙地跑出来接雨，结果还被师父骂成是傻瓜。"

第二个徒弟因为心中太紧张，想都没想就拿了一个竹篓子冲出来，要接雨的时候愣住了。无相大师心里想："怎么可以这样傻啊？怎么有这么傻的徒弟？"就很不高兴骂他说："还没见过像你这样的大傻瓜！"这个弟子一听，不但没有生气，相反还非常的开心，心想："师父一直都在鼓励我们要做傻瓜，现在我竟然被说成是个大傻瓜，这一定是在赞叹我了不起。"这样起了欢喜心，心开意解，还悟出了一些东西。

这个弟子究竟开悟到什么呢？我们可以从两个角度来看：

换个角度来看问题。当我们听到别人对我们说那些听起来不顺耳的话是，我们可以生气、不开心，我们也可以不生气，宁可做傻瓜，很开心，就像我们看到一个碗，可以想："这个碗很漂亮，可惜破了一个洞。"但同样我们也可以这样想："这个碗虽然破了一个洞，但还是很漂亮！"也就像是两个人看到面包圈时，有人看到的是面包中间的那个空着的圈，而还有人看到的是甜甜的面包。所以，活得是否开心快乐，关键在于我们自己怎么看待问题。

从悟的境界来讲，傻瓜比较容易悟出一些东西来，那些看起来像傻瓜的人其实并不是真的傻，而是在生活里面没有心机，保持在一种纯然的状态。所以在人生当中，我们不要计较那么多，计较的多了，你的心思全放在这个上面，也就阻碍了你去悟出一些东西来，或者认识人生真价值的东西，如果我们可以学习赤子，宁做傻瓜，那么我们就可永保一颗纯真的心而不会受到世俗的干扰。

就像师父们修行，每天都花时间在那儿叨叨念念，整天在那儿打坐，究竟在做什么？也许这在别人眼中，看起来是没有价值的，如果你打坐一小时，给你50元，也许你就认为这样是有价值的，但是如果用这样来衡量的话那就错了，因为这世间许多东西是无法用金钱来衡量的！我们看到街上那些智障或者智力比较差的人，他们是非常单纯，非常纯净的。我们通常没有那么纯净，因为我们都是看起来比较聪明的人，聪明人就是比较执著于"有"的人，要做一件事，必须得到一定的效果，如果三天没有效果就换一件事情。通常都比较实际，比较现实，比较会阴谋，比较会计算，这样的人常被别人叫做是聪明人。因此聪明人的生活是被很多东西占满了，没有给自己的心灵留一些空间，他每天都在算，做这件事可以赚多少钱，明天加起来就赚多少钱，怎样做才能以最少的成本而赚取最大的利润，他永远不会做赔钱的生意。

在电影《阿甘正传》中，主人公阿甘在人们的眼中就如白痴一般，但是他却干出了伟大的事业。阿甘出生在美国南部阿拉巴马州的绿茵堡镇，父亲很早就去世了，母亲含辛茹苦将他抚养长大。

阿甘并不聪明，小时候常常受到同伴们的欺负，母亲为了鼓励他，常常这样说："人生就像一盒巧克力，你永远也不知道接下来的一颗会是什么味道。"他牢牢地记着这句话。进入社会，阿甘是一个弱者，他几乎没有能力掌控自己的生活。于是，他听从了命运的安排。

阿甘的智商很低，但凭借跑步的天赋，他的大学学业也很顺利地完成了，后来参了军。在军营里，他结识了"捕虾迷"布巴和神经兮兮的丹·泰勒中尉。随后他们一起开赴越南战场。战斗中，阿甘所在的部队遭到了伏击，他冲进枪林弹雨里搭救战友，丹中尉命令他乖乖地待在原地等待援军，他说："不，布巴是我的朋友，我一定要和他在一起！"虽然没能最终挽救布巴的生命，然而布巴走的并不孤单。

阿甘是个傻瓜，所以他对所有的人都很信任，所以他真挚的对待所有人；阿甘是个傻瓜，所以他懂得去播洒爱心，所以他永远只求付出不求回报；阿甘是个傻瓜，所以他信守自己的诺言，即使对方死了，他还是信守……因为我们太聪明了，所以我们丢弃了自认为傻瓜的作为，我们变得越来越聪明越来越远离那个生命最初的自己。

上帝永远眷顾善良而真诚的人，幸运女神常常在关闭了我们一扇门的时候，一定还会替我们打开一扇窗。

175

阿甘变成了百万富翁，可是他还是不会忘记妈妈说的："人不需要太多的财富，多余的只是来炫耀。"他选择把多余的钱全用来捐赠，他依然单纯而快乐地生活着。

在一个电影里曾有这样一个场景：在一个过街天桥上，有个盲人在桥上靠弹唱为生；不远处有个女孩眺望着远方。这时走过来一个男孩，站在那个盲人面前听了一会，掏出 50 元给了他，盲人说了一句生日快乐。走远后，那个女孩说，"傻子"。盲人摘下眼镜看着那女孩说，"傻子怎么了，傻子天天过生日，傻子天天都快乐。"

在人生当中，其实有时候真的不需要去计较太多，作一个傻子又何尝不可。我们活着就是享受人生，苦辣酸甜，少了哪一味都不完整？因此，我们不必去整天斤斤计较而痛苦地活着。

有这样一道题：如果漂流到一个荒岛，当你只能带三种东西的情况下，你会怎么做？许多人回答：一棵柠檬树，一只鸭子，一个傻瓜。为什么人们会选择带个傻瓜去呢？因为聪明人会砍掉柠檬树，吃掉鸭子，甚至最后他也会把自己的主人给害了。只有傻瓜，才能执著而努力地活着，最后能种瓜得瓜。生活中，人们需要这种傻瓜精神。傻瓜精神是一种智慧的处世方法，有傻瓜精神的地方往往会发生一些出人意料的事情。

一般说来，精明人可以来算计着过生活，然而傻瓜自然也有傻瓜的办法。傻瓜对许多事并不放在心上的，他们缺乏精明人的一些算计和设想。不过，算计和设想虽然看起是好事，可好事情的另一面常常就是陷阱，有时候，那些精明的人还会弄巧成拙，就造成人的过失。而傻瓜因为不会去算计什么，也就避免了那样的算计，也就不会有那样的过失，也就无陷阱可言。傻瓜不会过分注意身边的潜在危险和可能要失去的东西，所以他们往往对事物并不主动出击，这样就不会使它的危险扩大，而且还能做出一番事业。

有句话说"知易行难"。也就是知道这个道理很容易但做起去并不容易。聪明人往往都会眉头一皱计上心来，但是，他们往往只限于"头脑风暴"，往往会因为小聪明而自以为是，刚愎自用，结果聪明反被聪明误。历史上的周瑜何等聪明，但结局却是悲剧。现代企业管理中，无数次商场上的起起落落，似乎都证明了这个简单的真理：很多人，他们有着最聪明的头脑，有着最敏锐的商业嗅觉，点子很快就从脑子里出来了……但是，有了这些素质的人，却往往不是最后的成功者。这个现象很是令人奇怪，然而实事就是这样。有人这么界定"聪明"的含义——一个人的智商高出普通人的正常值。顺着这个逻辑，我们会发现很多成功的企业家并不绝顶聪明，相反，他们曾经还可能被人称作差生。

聪明人往往太自负太依赖于自己的思想，往往因此忽略了其他的因素。有首耳熟能详的老歌叫"傻瓜力量大"，适当的"傻"如同恰到好处的"自卑"，那是一种美德，也是一种糊涂的智慧。

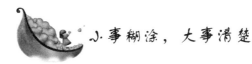

小事糊涂，大事清楚

常言道："大事清楚，小事糊涂。"意即对原则性问题要清楚，处理要有准则，而对生活中无原则性的小事，不必认真计较。从心理学角度看，对没有违背原则的不中听的话或看不惯的事，装作没听见、没看见或随听、随看、随忘，做到"三缄其口"。这种"小事糊涂"的做法，是一种很好的处世方法。

如果一个人遇事总是过分计较，硬要讨个"说法"，久之不利于健康。而小事"糊涂"，既可使矛盾"冰消雪融"，又可使紧张的气氛变得轻松、活泼，岂非养生的妙法？当然，"小事糊涂"不要事事糊涂。

小事糊涂，大事清楚；别纠缠于小事，小糊涂是真聪明，潇洒一点就是要大度一点，站得高点，看得远点，人际之间互相多尊重。

所谓人情世故，就是把那人情看得重些，事情看得淡些。难得糊涂，就是要把薄薄的人情看得厚厚的，虽则对方冷淡，你却依然觉得对方热情似火；有些事情很严重，难得糊涂，就是要把这重重的事情看得轻些。小事糊涂一些，什么事就没有了。

我们用一种复杂的眼光去看社会、看人，就会觉得社会很复杂，人也很复杂，在复杂的社会和复杂的人面前，我们当然要小心谨慎，

177

处处设防，我们就会没有来由的在心里增加一些防备，开始变得不开心，不快乐。

如果你过于聪明，一定把人情看透，觉得你已经看得到人情的冷漠，世态的炎凉，感情的虚假；一定要把事情看穿，觉得你已经熟知事情的来龙去脉，事情的谁是谁非，弄它个水落石出……结果你会将人情丢掉，还会把明明还有转机的事情弄砸，最后受到损失最大的还是你。

确实社会有社会的复杂，人有人的复杂。但是并不是说所有的事情都是复杂的，简单的问题千万不要复杂化，简单的问题复杂化了，总难免杂事缠身，心事重重，与快乐无缘。

"诸葛一生唯谨慎，吕端大事不糊涂。"诸葛亮一辈子做事小心谨慎很周到。吕端这个宰相呢？大事不糊涂。有人告到皇帝那里，说吕端这个宰相老糊涂了，皇帝说："他哪里是老糊涂，你才是老糊涂蛋呢，吕端这宰相小事糊涂，大事清楚。"小事糊涂，但脑子一清二楚，他装糊涂。小事认真，整天计较一些鸡毛蒜皮的事，这种人才是笨蛋。所以糊涂一点，潇洒一点，度量大一些，风格高一些，站得高，望得远一些，这就达到了处世为人的最高境界！

古人云"水至清则无鱼"，主要强调的是要把目标放在大事上，对一些小事不能太"认真"，该糊涂时就糊涂，只要不是原则问题，睁一只眼闭一只眼也未尝不可。

在现实生活中一些自认为很聪明的人往往是大事糊涂，小事反而不糊涂。他们特别注意小事，斤斤计较，哪怕是蝇屎之污，也便要用显微镜去观察，用放大尺去丈量。于是，在他们的眼里，社会总是一团漆黑，人与人之间只剩下尔虞我诈。

所以，人们日常生活所遇到的那些纷争都是因为那些鸡毛蒜皮的小事引起，这些小事在双方感情好时常会被忽略、谅解，感情不好时就会被放大，因而搞得剑拔弩张。有些人一遇到事情时就会失去理智，常常会感情用事，此时的感情常常带有盲目性、冲动性和时间性，聪明的人在处理这类纠纷时常常用"不置可否""听其自然"的方法，或者称为"冷却法"。

保持头脑冷静，"心静则体安"。因为感情冲动常会随着时间的流逝而渐渐地冷静下来，冷静下来之后就能够真正的看出所计较的事儿根本就是不值得一提的，因而矛盾常于无形之中随之化解。倘若过分热衷于搞清谁是谁非，一味地斤斤计较，或只顾发泄心中的怨恨，无异于"火上浇油"，结果反而会激化矛盾，于身心健康无益。所以，在处理某些感情冲突时，在适当的情况下，"糊涂"一下是很有必要的，尤其是当你处于困境或遭遇挫折之时，"糊涂"更能显示出它的价值。它会帮助你消除心理上的痛苦和疲惫，甚至逾越难以想象的思想鸿沟。这是因为，"糊涂"也是乐观主义精神的一种体现。当然，"小事糊涂"绝非事事糊涂，处处糊涂，并不是认为做什么事都可以随波逐流，不讲原则，而是说，对于那些无关大局，枝枝蔓蔓的小事，不应当过于认真，而对那些事关重大，原则性的是非问题，切不可也随便套用这一原则。汉代政治家贾谊说："大人物都不拘细节，从而才能成就大事业。"

总之，在生活中，大事明白，小事糊涂，能使你经常保持心胸坦然，精神愉快，减少对"大脑保卫系统"的不必要刺激，对身体也很有好处。

鲁迅先生曾专门揭示了"难得糊涂"的真正含义，他说："糊涂主义，唯无是非观等等——本来是中国的高尚道德。你说他是解脱、达观罢，也未必。他其实在固执着什么，坚持着什么⋯⋯"

正如鲁迅先生所说的"在坚持着什么"。之所以要"糊涂"，是因为将世上的一些事情看得太明白、太清楚、太透彻，只会增加烦恼，索性放下包袱，轻松、潇洒地生活。

说来容易做起来难，能够做到"小事糊涂"的人其实非常有限，因为大部分人无法达到超然的境界，他们被琐事困扰与牵绊着。

糊涂看世界，留一半清醒，留一半醉。这就要求人们在观察社会上的大事小事时，对一些不要紧的事情糊涂处之，而涉及至关重要的原则性问题时要清醒对待。如：对待个人的名利，该糊涂时糊涂，该聪明时聪明，在糊涂与聪明之间，不能丧失做人的原则和起码的人格。

如果能做到像大肚弥勒佛那样"笑天下可笑之人，容天下难容之事"，说明已经进入了忘我的境界。纵观古今，达到这种境界，拥有这种智慧的人也有很多。晋代的裴遐就是其中之一。

有一次，裴遐到东平将军周馥的家里做客。周馥命家人设宴款待裴遐，他的司马负责劝酒。由于裴遐下围棋正在兴头上，司马递过来的酒没有及时喝，为此司马非常生气，以为裴遐是故意怠慢他，顺手便推了裴遐一下，不料裴遐没有留意，被推倒在地，其他人见状都吓了一跳，以为裴遐会难忍这种"羞辱"而对司马勃然大怒。谁知裴遐慢条斯理地爬起来，神情自若，好像什么事情都没有发生一样继续与人下棋。后来王衍问起裴遐，当时为什么还能镇定自如、举止安详。裴遐回答说："仅仅是因为我当时很糊涂。"

将视线从古人的身上转移到现实生活中，会发现很多人常常因为一点小事就要剑拔弩张、恶言相向，这些人不懂得小事须糊涂的真谛。

有一次，许多老人围在一起下棋、观棋。其中下棋的两位老人，为一步棋而争得面红耳赤，双方互不相让，他骂他是臭棋篓子，他骂他是卑鄙小人，骂得不过瘾还动了手，结果大家不欢而散。从此以后，双方成了仇人，再不一起下棋，即使双方见面也彼此翻白眼。

俗语说，"吕端大事不糊涂"，就是告诉人们在小事上不妨糊涂一些，不要太计较，而真正遇到大事时还需要保持清醒的头脑，关键时刻表现出大智慧。尤其是在交际会话和发表演说的时候，自找台阶，故作不知，装一装糊涂是非常重要的。英国首相威尔逊在一次发表演说的时候，有一个故意捣乱的人突然大喊道："狗屎！垃圾！"遇到这种无法预防的干扰，如果换为别人，就可能对那个故意捣乱的人大声斥责，或者就是充耳不闻，但威尔逊却表现出超人的智慧。为了使演讲能圆满成功，威尔逊很镇静地说："这位先生请不要急，你所不满的脏、乱、差问题我马上就会谈到。"通过对捣乱人语言的故意曲解，威尔逊移花接木，安全渡过险滩，使得演说得以顺利进行。由此可以看出，装糊涂也是应付别人刁难的一种好方法。

现实生活中，也要适时地装糊涂，有些话没有必要说得太实太死，太过于绝对很可能让不怀好意者钻空子。遭受他人刁难，面对两难问题时，冥思苦想毫无意义，不如反其道而行之，用含糊的语言回答他，借此摆脱困境，让对手哑巴吃黄连有苦说不出。王元泽是宋朝文学家王安石之子，年幼时就表现出过人的智慧。

有一次，一位客人把一头獐和一头鹿放在一个笼子里，让王元泽分辨哪个是獐，哪个是鹿。王元泽的回答头头是理，显示出了他的聪明才智。他说："獐旁边的那头是鹿，鹿旁边的那头是獐。"尽管王元泽回答得含糊其辞，但却无懈可击，因为事实就是如此，这样既回击了刁难他的客人，也表现了自己的聪颖。假设王元泽老老实实地回答"不知道"，不但显示不出他的过人之处，更得不到客人们的赞赏。

所以说，人们要学会"糊涂"，宽厚待人，博取众望。名将吴起在士兵当中很有威望，士卒们都愿意为他出生入死。其中重要的原因就是吴起能够不计将领的身份，苦士兵之所苦，乐士兵之所乐。他和士兵穿一样的衣服，吃一样的食物，睡觉时不铺席，行军时自己备粮。有一次，一位士兵在阵前因为生了肿瘤而痛苦不堪。吴起看见后，毫不犹豫地用口替他吸出肿瘤内的脓汁。那位士兵和周围的人都感动不已。那位士兵的母亲听到了这个消息放声痛哭。别人都很奇怪地问她："你的儿子只不过是一个普通的士兵，吴将军却亲自用嘴给他吸脓，你应该高兴才对啊！为什么反倒如此的伤心呢？"那位母亲回答："先夫早年也是蒙吴将军不弃，吸取他肿瘤里的脓，从此他跟随吴将军四处打仗，以此报答吴将军之恩，最后终于死在战场上。如今吴将军又为我儿子吸出脓，这不是显示我儿子也将重演他父亲的命运吗？这叫我怎么不伤心？"从这个例子我们可以看出，作为领导如果能常常对自己的身份糊涂一点，以德服人，处处以人为先，便能广结人缘，自然地把人聚集在自己的周围。

读书做学问也要"糊涂"。业精于勤荒于嬉，行成于思毁于随。自古以来读书就提倡一股"傻劲"，视金钱名利如粪土。正所谓："书中自有黄金屋，书中自有颜如玉。"书读好了，一切也都会有。所以读书学习要懂得"糊涂"。大数学家陈景润到大街上不会买菜，地理学家李四光不认识自己的女儿。更有甚者大书法家王羲之在吃饭的时候竟然用馒头蘸墨汁吃，大科学家牛顿煮鸡蛋时竟然煮成了自己的手表。他们都是"糊涂"的典型，却在不同的领域作出了非凡的成就，所以有时"糊涂"能帮我们成就大事。

大愚中有大智，木讷中有精明

《红楼梦》中有副对联：世事洞明皆学问，人情练达即文章。"世事洞明"是指在为人处世中要洞察世事之缘由，"人情练达"是指人情世故熟练通达。这既是封建世家所推崇的处世哲学，也是当今社会行世所需要的为人技巧。芸芸众生共同编织着一张复杂的社会关系网，要想不被人情关系漩涡所吞噬，必须要学会自我保护。而"大愚中有大智，木讷中有精明"无疑给我们指出了一条自救的捷径。

无论是普通百姓，还是高官贵族，都要懂得这个道理。大千世界，每个人都想超越别人、出类拔萃，但是别忘了，有句话叫"枪打出头鸟"。如果一个人功高盖世、能力超群，又不懂得收敛锋芒，祸端也就离他不远了。所以说有了才华固然很好，但是懂得运用才是重中之重。

太有才华的人很容易遭人嫉恨和非议，招惹祸端。历史上和现实生活中的这种例子并不少见。乾隆皇帝自称"十全老人"，精通诗词书画，他经常在上朝的时候出些诗词考问群臣，百官畏惧于皇上的龙威，有时候明知诗词的粗糙和破绽，也装着挠首搔耳地冥思苦想，更有甚者恳求龙恩再思索三天。难道科举出身的满朝文武百官真的没有才华吗？其实他们深谙免惹是非的处世之道。

有这样一个年轻人，他毕业于名牌大学，拿了很多能拿的证件。凭着自己的才华和善辩，他轻松被聘入一家单位工作。可到工作单位以后，他自以为自己有才学有文凭，在不了解实情细节的情况下就开始对公司各种规章制度指手画脚，评头论足。有一次开会的时候，领导提出了一个方案，他立即对该方案进行反驳，并提出了很多意见。上司表面上很高兴，还赞赏他"积极上进"，但内心却对他非常不满，没有多长时间，公司就找了个借口把他辞退了。由此可见，外露的聪明远不如深藏的智慧有实际意义。

俗话说：言多必失，祸从口出。切斯特菲尔德也说过："要比别人聪明，但不要让他们知道。"人们往往更喜欢忠实的听众，厌恶喋喋不休的人。静静地听人诉说，默默地在内心思考，把握事情的来龙去脉，搞清楚事情的缘由。沉默是金，出言过于随便，往往给人一种不可靠感和不信任感。说了千言万语，也许还不如动一下手的作用大，所以说有时候语言是一种很卑贱的东西，多言从某种意义上来说是一种肤浅的行为，而适当地保持沉默则是涵养的象征。

人际交往中，一定要多思考，遇事多个心眼，少一些言语。这样才会处世通达，左右逢源。如果一味做语言上的巨人，行动上的侏儒，那么最终的结果只能是处处碰壁。

老子评价孔子说："君子盛德，容貌若愚。"盛德是指人的才华。这句话的意思是说孔子虽然是才华横溢，但却貌似愚鲁笨拙。在通常情况下，要克制自己显露才华的欲望，保持谦虚谨慎的心态，免除招致别人嫉妒陷害的可能。在必要的时候适当地展示才华，那无疑将会赢得别人的好感，进而受人尊敬。刚极易折，不分场合地崭露锋芒，不分青红皂白地显露其锐气，那结果可想而知。

现实生活中，有太多的人爱耍小聪明，卖弄才情，这样的人很容易招致祸端。经常耍小聪明的人总有一天会被人识破，容易引起别人的反感。没有人愿意和经常耍小聪明、自以为是的人一起做事。耍小聪明的人常常不会谦虚谨慎脚踏实地地干活，他们只会滔滔不绝，夸夸其谈，耍个小技巧，最终也成不了大气候。而真正聪明的人能恰到好处地运用聪明和智慧，从而起到事半功倍的效果。而且，过分地"聪明"会坏事。过分地外露才智会给自己带来不利。因为"枪打出头鸟，出头的椽子先烂"。

所以，还是不要太自以为是，以谦虚谨慎，不耻下问的心态做人，以大愚中有大智，木讷中有精明的方式处世才是明智的选择。所谓"大智若愚"换一种说法来说就是装糊涂。古今中外成大事者往往善于装糊涂，他们看似愚钝糊涂，但更多的时候是在观察思考。对于下级过错的宽容，从某种意义上来说可能是为了得人之心，使他们能够从内心深处愿意为老板多出力气。生活需要自我麻醉，不是自欺也不是无奈，而是一种明智的选择，一种生存之道。

183

做到"大愚之中有大智，木讷之中有精明"，应该注意的一点是：不要掩饰自己的过失和错误。人非圣贤，谁都会有过失。但是面对过失时，智者和愚者却有各自不同的做法。犯了错误之后，愚者是一遍遍地诉说他的动机，推卸责任，但智者更多的是静下心来分析错误的原因，寻求解决之道。因为他们明白，错误每个人都会犯，问题的关键是会不会再犯类似的错误，从已经发生的错误中能学到什么。

总之，在当今这个复杂的社会大关系网中，藏其锋芒，收其锐气，多思考多办事，少大吹大擂，夸夸其谈，做到"大愚中有大智，木讷中有精明"，那么你将会有一个幸福快乐成功的人生。

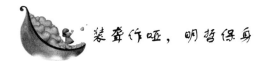

装聋作哑，明哲保身

斯大林是一个极其要面子的人，第二次世界大战的时候，他作为前苏联党和国家的领导人更是唯我独尊。特别要尊严的他容忍不了别人比他高明，固执地坚信自己的想法就是最好的，自己的见解是最高明的。在著名的莫斯科保卫战前夕，富有战略眼光的大本营总参谋长朱可夫提出一个很好的建议，那就是放弃基辅城，以避免德军的围攻。对于朱可夫的建议，斯大林根本不予考虑，同时把朱可夫赶出了大本营。最终基辅城遭受德军的合围，斯大林后悔莫及。如果朱可夫在提出建议的时候能换一种方式，比如给斯大林以暗示，让他自己悟出放弃基辅城的必要性，那肯定是另一番结果。

华西里也夫斯基就是一位与朱可夫不同的总参谋长，他深知斯大林是怎样的性格，所以他总是适时装傻，深得斯大林的重用。华西里也夫斯基往往是在无意之中给斯大林以启示。很多军事计划都是斯大林在得到华西里也夫斯基的启示后想出的，但华西里也夫斯基却装着和众人一样被斯大林的高明所折服。华西里也夫斯基在军事会议上是最受斯大林批判的人，但他的进言却被采用得最多，因为华西里也夫斯基很"傻"。他有一套独特的进言方法，那就是他既进言正确的观点，同时也掺和错误的意见。况且正确的意见总是讲得颠三倒四，含糊不清，而一讲错误意见的时候又字正腔圆，有板有眼的。所以斯大林往往对他的错误意见大发雷霆，把他批得狗血淋头。而同时又受他的正确观点的启示，作出很多很英明的战略决策。可能很多人对华西里也夫斯基的这种行为不理解，因为常人在领导面前做的就是好好表现，得到领导的赏识。但是领导也是人，他们也有自己的不足，所以做事的策略是不能忽视的。华西里也夫斯基是明智的，懂得装傻的哲学，在"傻"中被器重。

有时候，装傻不但能保官，还能保命。明太祖朱元璋当上皇帝之后，很不放心和他一起出生入死的开国功臣。原因是自己是一位布衣天子，保不住自己手下的这些功臣宿将也产生非分之想。于是，当上皇帝后就开始稳固政权，对那些有功之臣展开杀戮。尤其是那些身经百战、素有威望的将军们，在朱元璋眼里，这些人最可怕，如果有一天他们兴兵谋反，绝对有巨大的号召力。所以，朱元璋先下手为强，对大批功臣举起了屠刀。大批身经百战的功臣老将没有战死沙场，却惨死在"清洗肃反运动"的屠刀下。朱元璋先后杀死了左丞相汪广洋、右丞相胡惟庸，毒死了当年被他假斩的徐达将军，就连开国宰相李善长也未能幸免，一家七十多口都"获罪"身死。朝堂之上人人自危，害怕不幸之事降临到自己身上。

有一天，朱元璋要求御史袁凯把一些案卷送到太子朱标那里复查。太子朱标是心慈之人，对父亲大肆屠杀功臣早已心存不满，当他复查袁凯送来的案卷时，发现又要杀那么多人，内心实则不愿。于是就在文案上批道："父皇陛下！儿臣之见，以仁德结民心，以重刑失民心，望父皇三思！"交与袁凯带回。朱元璋看后更加不高兴，对袁凯说："朕要杀人，太子要从宽，你说谁对谁不对？"这时候袁凯左右为难，一边是皇上，一边是太子，说谁不对都可能引来杀身之祸，他被吓得汗流浃背。但袁凯也不是等闲之辈，情急之下说道："微臣愚见，陛下要杀，乃是执法；太子要救，乃是慈心，都有至理在。"满朝文武暗自为袁凯叫好，袁凯自己也松了口气。就在这时忽然听见朱元璋大骂道："你这老滑头，竟敢在朕面前花言巧语，两边讨好，先斩了你，看还有谁敢到朕面前来卖弄口舌！"在这千钧一发

第十章　冲动是魔鬼，糊涂是宝贝

的时刻，几位有胆识的大臣誓死力谏，才免除了袁凯一死。但是袁凯知道，以朱元璋的为人，他逃了一时逃不了一世，早晚会死在朱元璋的手中。

果然第二天一上朝，朱元璋就叫袁凯，企图再找理由杀了袁凯。袁凯并没有上朝，于是朱元璋派人去他家察看。回来的人报告说袁凯披头散发，语无伦次，哭哭闹闹地折腾了一个晚上，家中也被他搞得一塌糊涂，他已经疯了。

朱元璋很是不相信，便让人把袁凯捆到朝堂上来。一看，果然如使臣所述。朱元璋又派人用木钻把他的手背钻得鲜血直流，他仍然面无表情。于是朱元璋便让人把他送回家，并嘱使臣暗中观察他回家之后的行为。结果使臣发现他回家后一会儿趴在地上学狗叫，一会儿捧着屎往嘴里送。于是使臣回去肯定地对皇上说袁凯真的疯了。最后家人呈报袁凯回家养病，从而得以脱身。其实袁凯没疯，他是在为保全性命而装疯卖傻。虽然他不像范蠡那样在功成名就之时马上隐退，但知觉之后装疯卖傻，栖居保身的做法仍不失明智之举。

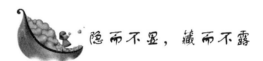

隐而不显，藏而不露

装聋作哑隐瞒实力，麻痹对方。李白曾说："大贤虎变愚不测，当年颇似寻常人。"这在政治和军事斗争中历来被运用，且屡试不爽。

"曹操煮酒论英雄"的故事就说明了这个道理。

当年刘备落难，投靠曹操，曹操真诚接待了刘备。为防曹操谋害，刘备就在后园种菜，亲自浇灌，以此迷惑曹操，使他放松对自己的注视。一次，曹操和刘备一起饮酒，谈起当世之英雄，刘备点名刘表、袁术、袁绍、孙策、刘璋等人。不料曹操却对这些人逐一地予以否认。刘备问：那么谁人当为今世之英雄？曹操说，论胸无大志，腹中有良谋，又能包藏宇宙之机，吞吐天地之志，非刘备与他莫属。刘备看曹操识破了自己，吓得筷子都落在地上了。适逢天下大雨，雷声轰鸣，于是刘备灵机一动说："一震之威，乃至于此。"刘备巧妙的回答，使他躲过了一场劫难。刘备无疑是一个懂得装痴的人，把自己排除在英雄之列，掩饰自己的锋芒，不显露自己，以免引来杀身之祸。刘备日后的功名，与他隐而不显，深藏不露的行为有着很大的关联。

另一个很典型的例子就是魏国的大将司马懿。

曹操刚掌权不久，曾召司马懿出来做官，可出身贵族的司马懿嫌弃曹操出身低贱，不愿意去做官，就假装患了风瘫病，卧床不起，可曹操生性多疑，自然怀疑司马懿借病推托。于是就派人假装刺客，晚上去刺杀司马懿，当刺客拔刀架在司马懿身上时，他仍两眼死死地瞪着刺客，身体却纹丝不动。于是刺客收刀回府向曹操做了禀告。司马懿深知曹操的为人，知道曹操不会就此放过他。于是，一段时间之后，放风出去说风瘫病已经好了，应召担任了曹操的重要官职。魏明帝时，司马懿由于长期带兵作战，战功显赫，魏国的大部分兵权都掌握在他的手里。

魏明帝临终之际，把司马懿和皇族大臣曹爽叫到床边，嘱咐他们共同辅助太子曹芳。太子曹芳继位后曹爽当了大将军，司马懿当了太尉。两人各领兵三千，轮流在皇宫值班。曹爽虽然说是皇族，但论能力、资格都与司马懿相差甚远。但曹爽却听信谗言，要夺回外姓司马懿所掌握的兵权。于是曹爽利用魏少帝年少无知，以其名义提升司马懿为太傅，实际上是夺去了他的兵权。随后，兵权落入曹爽之手。

曹爽得兵权后，就放宽了心，养尊处优，荒淫无度。司马懿却全当不知，一如既往。不久之后，司马懿推说有病，不能上朝。曹爽听说司马懿生病不能上朝，暗自窃喜但又不能太轻信，于是便派亲信李胜去探察实情。只见司马懿躺在床上，旁边两个丫环正在伺候他喝粥。粥顺着他的嘴角流得满衣襟都是。李胜对司马懿说："这次蒙皇上恩典，派我担任本州刺史（李胜是荆州人，所以说是本州），特地来向太傅告辞。"司马懿听后说："哦，这真委屈你啦，并州在北方，你要好好防备啊。我病得这样，只怕以后见不到你啦！"

187

李胜说："太傅听错了，我是回荆州去，不是到并州。"此时，李胜确信司马懿确实年老昏花，不中用了，回去如实地禀报了曹爽，曹爽自然很高兴，也不再戒备司马懿了。

后来魏少帝曹芳到城外去祭扫祖先的陵墓，曹爽和他的亲信都跟去了。他们走后，"病情严重"的司马懿立马就好了，带领两个儿子占领城门和兵库，并且假传皇太后的诏令，撤销了曹爽的大将军职务。曹爽一伙人在城外得知消息后，急得乱成一团。平日只知道养尊处优的他们根本没有能力来对付司马懿，只能乖乖地交出了兵权。不久之后又被人告发谋反而入狱。最终，曹氏政权实际落入司马懿手中。

司马懿正是用这种隐而不显，深藏不露的策略，保全了实力，为日后的崛起创造了条件。如果没有他的深藏不露，他可能早被皇亲曹爽除了根，哪里还会有他的再次掌权。

执政带兵需要深藏不露，在商界也是一样。古时的店铺里是不陈放贵重物品的，他们都把贵重的物品收藏起来，有合适的顾客时，他们才会把好东西拿出来。

树大招风，财多招贼，这是不变的真理。所以，真正的有钱人往往不会披金戴银，招摇过市。掩饰还来不及，哪还有心思炫耀。

保持深沉，做个看不破的人

看似忠贞的人未必表里如一，貌若愚憨的人未必真愚，就是这样让对方无法看破的智慧，才是高明的智慧。诸葛亮空城计吓退司马懿，郑庄公谈笑间挫败共叔段，都是这种智谋的运用。

韩非子在他的文章中吐露了这样一个观点：保持深沉，不让人看破是君王驾驭臣子的有效手段。他认为，如果君王将自己的喜好厌恶、性情脾气都让大臣们知道得很清楚，那么臣子们就不会认真做事，只会研究揣摩君主的意思，做到投其所好，摒其所恶。如果保持深沉，让大臣们根本不知道君主是怎么想的，朝臣们就会尽心尽力办事。同时，保持深沉，不让人识穿也是处变不惊，反败为胜的一种战略。

春秋时期，郑庄公粉碎弟弟共叔段谋反时使用的就是这一策略。

郑国国君郑武公临死前将王位传给郑庄公，但是庄公的母亲却不赞同武公的意见。原来庄公出生时难产，他的母亲为此受到惊吓，差点死去，为此庄公的母亲很不喜欢他，认为郑庄公带给她了灾难，是不祥之人。

庄公母亲的反对并没有给庄公的继位带来什么问题，但是在郑庄公继位为国君以后，他母亲姜氏却屡次诋毁庄公，并为宠爱的小儿子共叔段要了很多地界，庄公答应了她。但庄公的母亲并未因此满足，为了更大的图谋，她甚至逼迫庄公把京城也划分给了共叔段。

共叔段得到京城后，开始在那里不断地扩张自己的势力，并在其母的帮助下准备里应外合，谋权篡位。庄公知道母亲根本就不喜欢自己，也知道共叔段与母亲密谋造反的事。虽然他心里有数，表面上却没有采取任何行动。因为他明白，要想破除弟弟和母亲的阴谋，欲擒故纵是最好的方法，为了取得更多的东西，表面上或者暂时给他一些好处以迷惑对方是有必要的。而其中的关键就是保持深沉，表面上不动声色，让母亲和弟弟不知道自己的想法，只有这样才能等待良机一举将其歼灭。

在庄公母亲的帮助下，共叔段的势力不断扩大，正直的大臣们坐不住了，有人向庄公进谏，认为共叔段囤积粮草，大肆招兵买马，扩充实力，分明是想图谋不轨，庄公却以这是国母的意思而不加理睬。当有些大臣建议庄公先下手为强，铲除共叔段以防有变时，庄公表面上不但不以为然，还训斥了这些大臣。如此一来共叔段更加肆无忌惮，谋反篡国的意图更加明显了。

庄公的做法不但迷惑了要谋反的弟弟和母亲，大臣们也蒙在鼓里。一位名叫公子吕的大夫劝庄公说："一个国家不可能有两个国君，现在郑国却好像有两个君王。如果您想把王位让给共叔段，那我们就去奉他为君王，如果不是，那就尽早铲除他，免得臣民们三心二意。"庄公听了以后表面上假装很生气，让公子吕别多管闲事，实际上早已做好了准备。

第十章　冲动是魔鬼，糊涂是宝贝

189

郑庄公早知道弟弟和母亲的图谋，但是他有自己的想法，过早动手，铲除了弟弟肯定会遭到别人议论，认为他不仁不义，更重要的是母亲也站在共叔段那边，打倒了弟弟必然要牵连到母亲，这样一来肯定会被扣上不孝的帽子。因而他故意装做什么也不知道，放纵共叔段行事，等到共叔段和姜氏计划暴露，大张旗鼓准备谋反时才下令讨伐，一举挫败共叔段的阴谋。

郑庄公最后一举歼灭了共叔段的叛军，而他之所以获得最后的成功，关键就在于庄公从始至终保持深沉，其母姜氏和弟弟共叔段没能看破庄公的真实想法。

看过《三国演义》的人没有一个不佩服诸葛亮的，他出隆中火烧博望坡，过江东舌战群儒，三气周瑜，草船借箭，借东风神机妙算……其中，空城计智退司马懿最为精彩。

三国时期，诸葛亮北伐中原，但因为错用"言过其实"的马谡而失掉战略要地——街亭，迫不得已只好让人马撤退。为防魏军乘势追击，他让关兴、张苞两人各带几千人马，在关键地段布置疑兵。

然后，诸葛亮就下令大军悄悄收拾行装，分别从各自驻地快速撤回四川。等到他一切都安排妥当，也准备撤离之时，魏将司马懿已经率领大军向诸葛亮所在的西城赶来。西城只是个弹丸小城，易攻难守，根本无法挡住曹魏大军。而且诸葛亮身边只剩下一些文官，连一员武将也没有，士兵也尽是老弱病残，根本无法作战，情况万分危急。眼前的形势很明显，战不能战，逃也逃不掉——此地路径狭窄，唯一大道已为司马懿占住。再加上辎重行李多，马匹、车辆少，逃不出多远，就会被司马懿大军赶上。

众人不由得万分恐慌，诸葛亮亲自登上城楼观望，果然，不远处尘埃冲天蔽日，连大军奔走声也隐约可闻，形势迫在眉睫，而且就眼前的形势来看，怎么样都是死路一条。不想诸葛亮略作思考之后，却告诉众人，他已经想到了一个很好的办法，可以让大家平安无事。

于是诸葛亮就开始准备，他让士兵把所有的旌旗都收藏起来，并打开城门，让几十个士兵装扮成老百姓的样子，在城门口洒水扫地，一切显得好像什么事情都没有发生似的。诸葛亮自己头戴纶巾，身披鹤氅，领着两个小书童，带上一张琴，到城上望敌楼前凭栏坐下，燃起香，然后安然自得地弹起琴来。

司马懿的先头部队到达城下，见了这种情景感到莫名其妙，慑于诸葛亮的威名，不敢轻举妄动，就急忙返回去向主帅司马懿报告。司马懿听后不相信有这样的事情，就自己亲自前来观看。到了以后，司马懿发现果然和报告的一样：诸葛亮端坐在城楼上，笑容可掬，正在焚香弹琴。左面书童手捧宝剑；右面也有一个书童，手里拿着拂尘。城门里外，二十多个百姓模样的人在低头洒扫街道，大军虽然前来，却旁若无人，一点紧张的气氛都没有。

司马懿有些纳闷，仔细观察了很长时间，无论从对方人物的表情动作还是诸葛亮所弹出的琴声中，都看不出一点破绽，更弄不清楚诸葛亮究竟在玩什么花样。属下将领见到这种情景，忍耐不住，纷纷请令杀进城去活捉诸葛亮。

深知诸葛亮为人的司马懿却不敢有丝毫的大意，他没有同意将领们的意见，认为一生谨慎行事的诸葛亮肯定是另有所图。正在这个时候，司马懿感觉到诸葛亮的琴声之中隐含杀机，于是连忙下令全军撤退。

等退了没有多远，诸葛亮设置的两路疑兵就摇旗呐喊，纷纷涌出，司马懿更加坚定自己的想法，赶紧带领大军仓皇返回。

诸葛亮见空城计吓退了司马懿，连忙抓住时机，带领余下人等，从容撤出西城，退回四川。

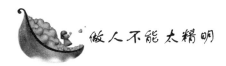

做人不能太精明

做人当然要精明，这不仅是我们每个人的希望，也是每个人尽力要做到的事情。做人精明露骨，实则是一种小聪明。

有一种情况是：聪明反被聪明误，自逞聪明，引火烧身。三国时代的杨修，可谓绝顶聪明吧，他的几次"聪明"过了头，才智大显露，结果引起了曹操的忌恨，遂将杨修杀掉了。

第十章　冲动是魔鬼，糊涂是宝贝

191

人和人的正常交往是平等的，如果你举止不讲究，言辞不考究，居高临下，只能孤立自己，招致他人的"不屑一顾"，会导致自己吃亏，这实在是做人的一种不明智之举。

《红楼梦》里的王熙凤做人可谓精明，依仗贾母的宠爱和自家背景，上欺下压、左右逢源。"机关算尽太聪明，反误了卿卿性命"，最后令众人生厌，郁郁而死。可见，做人要多点"心眼"，不能不精明，但也不要精明过头。

在一般情况下，忍住显示自己才智的欲望，可以获得更多才能，同时也可以避免因为炫耀自己的才能，招致他人对自己的妒忌、陷害。古往今来，过于显露自己的才能和智慧，过分地招摇，聪明反被聪明误的大有人在。

春秋时期，陶朱公范蠡住在陶时，家财万贯，二儿子在楚国杀了人。朱公知道后爱子心切，说："杀人理应偿命，这是国法。但我听说家有千金的人可以不在市中被处死，活动活动看吧。"此时他的大儿子争着要去救弟弟，朱公没奈何，只好同意。

庄生再三地叮嘱他到了楚国后，千万记住一切听庄生的，千万别自作聪明，大儿子带着金子来到楚国后，去拜访了父亲的好友庄生。庄生留下了他的金子，并对他讲："你赶快回去吧，不要留在这里，即使你的弟弟放出来，你也不要问为什么。"朱公的大儿子听后，觉得既然来了，就要弄清楚二弟究竟是否有生还的希望。于是，他自作聪明，假装离开楚国，暗地里却住在了楚贵人的处所，逢人便打听二弟的下落。

朱公在楚国很有威望。由于他的努力，楚王决定要大赦犯人。朱公的大儿子听到后想：楚王要大赦犯人，弟弟也就自然而然会放出来，还用花那么多银两吗？于是他高兴地提着酒去见庄生，说出了自己听到的传闻。庄生见到他，已知来意。听他说完传闻后，大吃一惊说："这下你二弟性命难保，你恐怕只能带着金子回去了。"

庄生当时收下他的金子是为了稳住他，怕他担心自己不给他办事，想事成之后分文不少地退给他。没想到他还是不相信自己，一心显示自己为人的精明。于是庄生领他进里屋，朱公的大儿子看到原封不动的金子，心中暗喜。

没想到，第二天，朱公长子竟带着弟弟的亡命通知而还，原来朝中有人看见朱公长子后上奏楚王："大王您大赦是为了修德去凶象，可人们纷纷传言说陶地朱公的儿子杀了人，被关在我们这里。有人说他大儿子也来到咱们国家四处活动，听到大赦后还狂欢高歌呢？所以说楚王大赦并不是为了楚国百姓，只不过是为了陶朱公的儿子罢了。"楚王闻言大怒，下令杀掉朱公二儿子之后，第二天才下赦令。

朱公一家人都十分悲伤，只有朱公冷静地说："最终还是你害死了你二弟。我和庄生的话你为什么不听？这都是你自作聪明惹下的祸！"

客观的经验告诉我们，做人不要过于"精明"，太精明露骨会遭人讨厌。因为人与人情感的沟通和交流是心的交流，如果做人过于精明露骨，就不能在交际方面获得人心。

对人，不必精明；对朋友，傻点更好。交际中的"精明"容易把应该淳朴真挚的关系，人为地弄复杂，使人感到刁钻奸猾，敬而远之。这样精明的结果，只能以自己成为孤家寡人而告终。

大智若愚，大巧若拙，后发制人，才是真正聪明的人。做人精明的一个重要的表现，就是要将精明放在心里，而不是让众人皆知。过于显露自己的精明，过分地招摇，首先会招致对自己的损害，尤其是受到有妒忌之心的小人的攻击。

过于精明的做人方式，除了给自己惹麻烦外，一无是处。在复杂的社会，需要遵守生活中的潜规则。大凡历史上的名人能人、英雄豪杰，都常常是身怀绝技，但他们也都知道，"山外有山，天外有天，能人背后有能人"的道理，所以要想赢得胜利，后发制人，都是懂得隐晦的人，而绝不是随便表现精明的人。

精明人的特点之一头脑灵活，人前人后好显示自己的才能，喜欢出风头，有时会做出冲动、缺乏理智的事来。拉利·华特斯就是一位这样的精明人。

拉利·华特斯是一名卡车司机，他毕生的理想是飞行。他高中毕业后便加入了空军，希望成为一名飞行员。很不幸，他的视力不合格，因此当他退伍时，只能看着别人驾驶喷气式战斗机从他家上

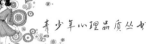

空飞过，他只能坐在草坪的椅子上，幻想着飞行的乐趣。

但拉利是一个精明人，好显摆和爱出风头的性格使他不甘于寂寞，他要表现自己的才能。

一天，拉利想到一个法子。他到当地的军队剩余物资店，买了一筒氦气和四十五个探测气象用的气球。那可不是颜色鲜艳的气球，而是非常耐用、充满气体时直径达四英尺大的气球。

在自家的后院里，拉利用橡皮条把大气球系在草坪的椅子上，他把椅子的另一端绑在汽车的保险杠上，然后开始给气球充气。

接下来他又准备了三明治、饮料和一把气枪，以便在想降落时打破气球，使自己缓缓下降。

完成准备工作之后，拉利坐在椅子上，割断拉绳。他的计划是慢慢地降落到地上。但事实并非如此。当拉利割断拉绳，他并没有缓缓上升，而是像火箭似地冲向天空；他也不仅是飞到二百英尺高，而是一直向上爬升，直至停在一万一千英尺的高空。在那样的高度，他不敢贸然弄破任何一个气球。于是他停留在空中，飘浮了大约十四个小时，他不知道该怎样回到地面。

终于，拉利飘浮到洛杉矶国际机场的进口通道。一架民航客机的飞行员通知指挥中心，说他看见一个家伙坐在椅子上悬在半空，膝盖上还放着一把气枪。

洛杉矶国际机场的位置是在海边，到了傍晚，海岸的风向便会改变。因此海军立刻派出一架直升机去营救。但救援人员很难接近他，因为螺旋桨转动发出的风力把那自制的新奇飞行物吹得愈来愈远。终于他们停在了拉利的上方，垂下一条救生索，把他慢慢地拖了上去。

拉利一回到地面便遭到逮捕。当他被戴上手铐，一位电视新闻记者大声问他："华特斯先生，你为什么这样做？"拉利停下来，瞪了那人一眼，满不在乎地说："人总不能无所事事。"

是的，精明人都知道，人总不能无所事事，人生必须有目标，必须采取行动！

但是，我们要提醒那些精明人，目标必须切合实际，行动也必须积极有效。只有这样，你才能被带到人生的崇高境界，而不是身

冲动是最危险的伙伴

陷囹圄。

有一位股票投资的精明人，做了十多年股民。由大户室做到中户室，又由中户室做到了散户大厅，到最后连散户大厅也不去了，因为精明人"不玩股票了"。

精明人之所以"王小二过年，一年不如一年"的原因，就在于他的心态。据精明人后来说，他买的任何一种股票，其实都可以赚钱，甚至可以赚大钱，但他总是赔钱出来。原因在于，精明人买了一只股票，没过多久就上涨了，但他舍不得将其抛出，想着既然涨我干吗要卖，说不定还能再涨个十块八块的。的确，精明人买的股票有涨十块八块的，但他还不抛出，心想说不定还能再涨二十三十的，确实也有如他愿的，可他还不抛出。股票市场，有上涨必然就有下跌。股票开始下跌了，他仍赚钱，但他还不卖出，他想既然我六十都没有卖四十干吗要卖，就这样，他把赚的钱一点一点地又还回了市场，直到下跌到将其深度套牢。一直套到他心理承受不了，这时候，精明人就再也坐不住了：说不定这只股票还要跌，于是就割肉出局，直到把自己的家底割完。

人不怕失败，因为人人都可能失败。失败了，总结教训，从头再来，你总会有成功的那一天。如果你像精明人一样，只是一味地自责、懊恼，活在失败的阴影里，实际上于事无补。

精明人精于打算，往往好表现自己，事事想占先，好占便宜，耍小聪明，搞小动作，搬弄是非，因此，人际关系常常比较紧张。因为处事无方而失败的精明人，多半会归咎"办公室权术"害了他们，但所谓权术，说不定只是正常的人际关系而已。如果你弄不好"办公室权术"，很可能是你不懂得怎么和别人相处。你可能单靠精明能干暂时混得不错，但大多数事业都不由你唱独角戏。你可能有很高深的学术知识，却缺乏社会知识——耐心倾听、推己及人、批评中肯而又有接受批评的能力。社会知识丰富的人肯承认错误，甘受责备，再做下去。他们懂得怎样博取集体的支持。

如果人们不喜欢你，他们可能让你败事有余，成事不足。有一天在飞机场，一位旅客见到一个衣冠楚楚的商人大声叱喝、责骂搬运员处理行李不当。商人骂得越凶，搬运员越显得若无其事。商人

第十章 冲动是魔鬼，糊涂是宝贝

走后，这位旅客称赞搬运员有涵养。"噢，没关系，"他微笑着说，"你知道吗，那个人是到佛罗里达去的，可是他的行李嘛——将会运到密歇根去。"这就说明：和你共事的人，即使是你的下属，只要受了你的气，也会跟你捣蛋。

相反的，只要你精于处世之道，通情达理，讨人欢喜，一旦犯错，支持你的人总会帮你补过。事实上，犯了一次错之后，如果你以练达负责的态度来处理这次错误，说不定你的事业反而会更上一层楼。

 糊涂"知之"对"不知"

一般意义上，"知之为知之，不知为不知，是知也。"意思是：教育人要实事求是，不要不懂装懂。然而，古往今来，在关键时刻变"知之"为"不知"的事例很多，有人用这种办法摆脱困境，有人用这种办法摆脱别人的攻击。总之，在某些情况下，采用"糊涂"的处世方法，不失为良策。

明朝为数不多的骁将之一洪承畴统兵抗清，兵败被俘，归顺了清朝。最恨叛徒的抗清英雄夏完淳，被俘后，用"知之"对"不知"的方法，公然在朝堂上大骂降将洪承畴以泄愤，最终还能逃过一劫这是何等的智慧！

详细经过是这样：洪承畴对夏完淳说："你小孩子家，造什么反？只要你归降，一定前途无量。"夏完淳却说："人各有志，我岂能跟你们一样！要做也要做一名英雄，就像我朝的洪承畴先生那样。"他装做不认识洪承畴，装成对洪承畴叛变一事一无所知的样子，大大夸奖了洪承畴一番。洪承畴被他这么一说，不由得愣了一下说："你仰慕洪先生？"夏完淳装做自豪的样子说："当然仰慕。当年先生在关外与清兵血战于松山、杏山一带，矢尽援绝，仍坚强不屈，最后英勇就义。消息传来，举国震动，先帝为之垂涕。这样的英雄难道不值得仰慕吗？"一番夸赞后，洪承畴被挖苦得面红耳赤，样子十分狼狈。洪承畴的随从连忙为他开脱，示意他洪承畴就坐在前方的正堂上。夏完淳继续装傻说："你们胡说！洪老先生早已为国捐躯，天下谁人不知！你们这些贼子还想冒充他、败坏他的名声，先生在天之灵也不会放过你们的。"此时洪承畴被羞得已经无地自容，命人把夏完淳押下大殿，自己也灰溜溜地离开了。

而无独有偶，运用这种方法躲避灾难的还有其人。

晚清时期，一女子站在高台上晾衣服，不小心晾衣服用的竹竿从高台上落下，恰巧砸到了从此处经过的彭宫保头上。彭大怒，女子非常害怕，她深知彭是个疾恶如仇的人。

女子急中生智，她站在高台上向下一阵大骂说："你大呼小叫的干什么？一听你言语就不像个斯文人，没有一点礼貌！你可知道彭宫保就住在这附近？他老人家一向爱民如子，如果我将这件事情告诉了他，恐怕他会砍了你的脑袋……"

巧妙的话语，居然浇灭了彭心中的怒火。他心想，一名不认识自己的民女对自己竟然如此敬重，还夸耀他爱民如子、体贴百姓，不禁转怒为喜，默默地从女子家的高台下走过去。

第十章　冲动是魔鬼，糊涂是宝贝

197

第十一章　多一份平和就少一份冲动

　　一个人的心态就是他真正的主人，要么让自己去驾驭生命，要么让生命驾驭自己，自己的心态将决定谁是坐骑，谁是骑师。

心平气和地对待一切事物

一位哲人这样说：一个人的心态就是他真正的主人，要么让自己去驾驭生命，要么让生命驾驭自己，自己的心态将决定谁是坐骑，谁是骑师。

回想一下，你是否也有过这样的经历：明天要考试，今天开始坐卧不宁，休息不好？领导安排的工作总结没有把握胜任，压力很大，为此思前想后？和朋友或者家人争吵后，上街乱逛并买一堆多余的东西泄愤？

如果偶尔有这样的情绪还不要紧，但如果经常这样，那可就得注意了！因为不知不觉中，你已经成了"感觉"的奴隶，陷入情绪的泥淖而无法自拔，所以一旦心情不好，就"不得不"坐立不安、"不得不"思虑重重、"不得不"乱花钱。长期下去，会扰乱了自己的生活秩序，也会干扰了别人的工作、生活。

事实上，世界万物都在循环往复的变化中，大海有潮起潮落，月亮有阴晴圆缺，花朵有盛开凋谢，我们人类又何尝不是如此呢？所以有情绪并不可怕，可怕的是不会管理情绪。

那么，接下来，就让我们来学习一下如何管理情绪吧。要管理自己的情绪，一句简单的话就可以概括整个答案，那就是：心平气和地对待一切事物。

一旦如此，我们的情绪便会保持在一种良好的状态下。如果我们为别人带来风雨、忧郁、黑暗和悲观，那么他们也会报之以风雨、忧郁、黑暗和悲观。相反的，如果我们为别人献上欢乐、喜悦、光明和笑声，他们也会报之以欢乐、喜悦、光明和笑声。如果我们学会控制情绪同时也能体察别人的情绪变化，这样就更容易驾驭情绪。宽容别人的同时更会使自己保持一份好的心情。

其实，我们每个人的心中都有一把叫做"快乐"的"钥匙"，但我们却常在不知不觉中把它交给别人掌管。一位房地产销售人员抱怨道:"我活得很不快乐,因为我经常碰到糟糕的客户。"他把快乐的钥匙放在客户手里。一位职员说:"我的老板很苛刻,叫我很生气!"他把钥匙交在老板手中。一个成熟的人会握住自己快乐的钥匙,他不期待别人使他快乐,反而能将快乐与幸福带给别人。

弱者任思绪控制行为,强者让行为控制思绪。当我们纵情得意时,要记得挨饿的日子;当我们扬扬得意时,想想竞争的对手;当我们沾沾自喜时,不要忘了那忍辱的时刻;当我们自以为是时,看看自己能否让风驻足。正如大师奥格曼狄诺所说,学会掌握情绪,做情绪的主人,是人生前行的关键。

在 1984 年的东京国际马拉松邀请赛中,名不见经传的日本选手山田本一出人意料地夺得了世界冠军。当记者问他凭什么取得如此惊人的成绩时,他说了这么一句话:凭智慧战胜对手。

许多人都认为马拉松是体力和耐力的运动,身体素质好又有耐性才有望夺冠,这个选手说用智慧取胜,好像有点勉强。

两年后,山田本一在意大利国际马拉松邀请赛上又获得了冠军。记者让他谈一谈经验,山田本一仍是那句让人摸不着头脑的话:用智慧战胜对手。

10 年后,我们在他的自传中找到了答案。每次比赛之前,他都要乘车把比赛的线路仔细地看一遍,并把沿途比较醒目的标志画下来,比如第一个标志是银行,第二个标志是一棵大树,第三个标志是一座红房子……这样一直画到终点。比赛开始后,他就以最快的速度奋力地向第一个目标冲去。等到达第一个目标,他又以同样的速度向第二个目标冲去。四十几公里的赛程,就被他分解成这么几个小目标轻松地跑完了。但是起初,他把目标定在四十几公里外的终点线上,结果跑到十几公里时就疲惫不堪了,因为他被前面那段连着的路程给吓倒了。

可以看出,当我们感到有压力的情绪时,适时地放下压力并好好地休息一下,然后再重新拿起来,才可承担更久。而且还应学会,把压力情绪分解,避免在一个时期承担太重的压力。通常我们向目标迈进的过程就像上楼一样,一次是绝对蹦不上顶层的,相反蹦得越高就摔得越狠,所以,必须一步一个台阶地上去。山田本一将大目标分解为多个易于达到的小目标，每前进一步，达到一个小目标，就使他体验了一次"成功的感觉"，而这种"感觉"强化了他的自信心，又推动他稳步发挥去达到下一个目标。可见，"成功的感觉"源自对情绪的管理。

一位著名的美国心理学家提出：一个人的成功，只有 20% 是靠智商，而 80% 是凭借情商而获得。而情商管理的理念即是用科学的、人性的态度和技巧来管理人们的情绪，善用情绪带来的正面价值与意义帮助人们成功。

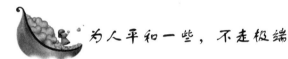

为人平和一些，不走极端

清朝时，有一位叫吴棠的人在江苏做知县。一天有人来报，说吴棠的一位世交过世，送丧的船就停泊在城外的运河上。吴棠于是派差役送 200 两银子过去，并约改日有闲时再去吊唁。

差役送完银子后，回来描述有关送银子的情形，吴棠一听与世交不相符，细问才知道送错了对象。吴棠为此很生气，立刻命令差役追回那 200 两银子。

这时，身边的师爷思考了一下，就提醒吴棠，说送出去的礼再要回来，于知县情面有碍，不如做个顺水人情。吴棠想想也对，第二天还专程去船上吊唁。

原来，收受银子的是另外一家送丧的两姐妹，因为家道中落，人情冷漠，才害得两个女孩亲自护柩北上。一路上孤苦伶仃，无人上船问寒问暖，没想到却在这里遇到了父亲的故友旧交。

吴棠也不说破，在船上吊唁一番，又与两姐妹叙谈，殷殷关切之后，便起轿回衙了。

不曾想山不转水转，多年之后，两姐妹中的姐姐成了慈禧太后，并且垂帘听政，成了当时的最高统治者。

慈禧太后没有忘记当年的吴知县，在朝堂中多有垂询，大臣聪明，就找机会上折推荐吴棠。吴棠官职一升再升，要不是他才学平庸，太后巴不得把他提为一省的封疆大吏呢！吴棠最后做了巡抚，显赫一时。

殊不知，当初因送错200两银子的吴知县却由此改变了命运。如果吴棠一时意气用事，那么他可能就有另一种行为，从而导致另一种命运。假如吴棠听到把银子送错之后，派人去说明原因肯定能把银子要回来，这不但会使收银子的姐妹感到难堪，而且这件事情很快就会被传开。千万别小看这200两银子，当时清政府官员薪水低微，朝中一品大员年薪也不足200两银子，更何况区区一位知县。一个知县拿200两银子去吊唁，肯定是一位贪官。遇到哪一位多事的人，免不了招来弹劾，说不定还丢了乌纱帽呢！

而万幸的是吴知县听从了师爷的劝告，将错就错，做了一个顺水人情。然而就是这200两银子，却让身处困境的两姐妹感激涕零，没齿难忘，也为自己日后的高升无意中种下了善因。反之，如果他一时冲动，把200两银子当回事索要回去，就会遭到两姐妹的忌恨。以慈禧的性格，不把他抄家问斩才怪呢！

为人平和一些，不走极端，从容不迫，心神淡定，对自己来说，有利健康；对别人来说，你大度宽容，就会受人景仰，好运自会找上门来。

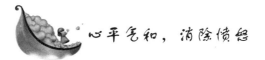

心平气和，消除愤怒

毫无疑问，"心平气和"是被人称道的。生气归根结底是一种情绪，它与理智永远是对立的。它们就像一枚硬币的两面，总是不可避免地纠缠在一起。具体体现在人身上时，它们总是演绎着成功与失败、完美和缺陷的戏剧。一个爱发怒的人，常常不是被别人打败的，而是自己打败了自己；保持平和之人，则能因冷静与和气，而立于不败之地。不要因为别人发怒，你便怒不可遏。

下次，当你想要发怒的时候，应该先想想这种爆发会产生什么影响。如果你知道发怒必定会有损于你自己的利益，那么最好约束

203

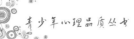

你自己，无论这种约束是怎样的吃力。

如果你想消除愤怒，可用以下方法：

首先，你要尽量推迟发怒的时间。如果你在受刺激的情况下总是动怒，那么先推迟 10 秒钟，下次推迟 20 秒钟再发火。不断延缓动怒的时间，以致完全消除怒气。

不要欺骗自己说你可以喜欢令你讨厌的东西，你完全可以讨厌某件事，但你大可不必为此发火。让你信得过的人帮助你，让他们每当看到你动怒时，便提醒你。但不要过分依赖别人的帮助。

其次，你不妨写一份"动怒日记"，记下你动怒的时间、地点、对象和原因。强制自己诚实地记录所有的动怒行为。你很快就会发现，如果是经常生气，光是要记录这件麻烦事就可迫使你少生气了。

当你大发脾气后，大声宣布说你错了，这一声明使你对自己的言行负责，也对你的坏脾气产生一种制约。

再则，在即将发怒前，及时地转移自己的注意力，找一件轻松而有意义的事做一做，想一想，这样就能转移愤怒，从而让自己的心态逐渐平和。

不生气时，去和经常受你气的人谈谈，彼此听听对方最容易发怒的事，寻找一个沟通感情的方式。也许约定写张纸条，或做个缓和情绪的散步，这样你便不必继续用毫无意义的怒气来彼此虐待了。经过几次缓和情绪的散步之后，你会发现发怒是件多么愚蠢的事情。

在最初的几秒钟，说出你的感觉以及你以为对方是怎样想的。最初的 10 秒钟是最为关键的，一旦说出来，你的怒气常常即刻消散了。

记住，你认同的事情，都有可能遭到半数人的反对。有了这个心理准备，你就不必选择生气。否则，完全为自己的情绪所主宰，必然只能自食苦果。

冲动是最危险的伙伴

与人交谈，切忌喋喋不休

与人交谈中，切忌总将自己放在主要位置上，自始至终一人独唱主角，喋喋不休地讲述自己，滔滔不绝地诉说自己的故事。

有个名人说过，漫无边际的喋喋不休无疑是在打自己付费的长途电话。这样不但不能表现自己的交际口才，反而令人生厌。要知道池蛙长鸣，不为人注意，而雄鸡则一鸣惊人。这就说明过多地说"单口相声"不能交流思想，不能增进感情。交谈时应谈论共同的话题，长话短说，让每个人都充分发表意见，留心别人的反应，这样才能融洽气氛。正如亚历山大·汤姆所说："我们的谈话就像一次宴请，不能吃得很饱才离席。"

尖酸刻薄、烽火四起的争辩也不是好的说话方式。

在交际中免不了争辩，但善意、友好的争辩更能促进彼此间的了解，活跃交际场面，起到调节气氛的作用。有时一场精彩的争辩会令人荡气回肠，齐声喝彩，但是尖酸刻薄、得理不饶人，争得面红耳赤，以致烽火四起、导致心情不爽的争辩，则令人生厌。

还有的人逢人诉苦，博取同情。在每个人的一生中都会遇到各种挫折和苦难，一味地诉苦会让别人觉得你没魄力，没能力，会失去别人对你的尊重。

更有甚者无事不通、无事不晓地吹嘘炫耀。其实交谈是相互了解、相互交流的方式，而不是表现知识渊博、见识广泛的舞台。

在交谈中什么都说的人其实什么都不知道。

过多地说"单口相声"不能交流思想，不能增进感情。交谈时应谈论共同的话题，长话短说，让每个人都充分发表意见，留心别人的反应，这样才能融洽气氛。

第十一章　多一份平和就少一份冲动

205

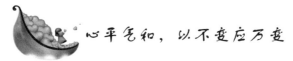心平气和，以不变应万变

鳄鱼是一种行动比较迟缓的动物，但却能够经常捕捉到行动迅速的各种鱼类、水鸟类、哺乳类的动物，甚至连灵敏的猴子和豹子也会成为它们的食物。

这是因为鳄鱼的攻击非常具有策略性，它们通常处于平静状态中，像一节漂浮在水面上的树桩，只露出一对鼻孔和眼睛，耐心地观察着水面和陆地上的动静。每当发现岸边有可捕食的动物时，聪明的鳄鱼会马上将身体躲到水面下，然后慢慢地朝动物所处的方向游去，缓缓接近目标，趁其不备时突然从水中一跃而起，将动物一口咬住，用力将其拖入水中。

鳄鱼在突袭目标的刹那间，所爆发出的惊人速度和巨大的力量，足以令其它动物措手不及。

这是个博弈的结果，也是一种生存手段。老子说："稳重、隐忍是轻浮的根本；镇静、持重是躁动的主宰。"以静制动就像练气功，打通周身经脉，最后凝成一股气，伤敌于无形。

在生活和工作中，我们难免会碰到无事生非、制造谣言、嫉贤妒能、偏听偏信以及以权势压人、阴谋诡计、欺骗虚伪之人。在这种情况下，我们要做到心平气和，冷静理智，以己之长，克其之短，以不变应万变。

试想当时，面对小痞的挑衅，如果韩信火冒三丈，一怒之下举剑杀之，免不了要吃官司，或是杀人偿命，或是流放荒城，也就难有历史上著名的"背水一战"的恢宏了。与之相反，《水浒传》中那个卖刀的杨志倒是痛快淋漓，一怒之下杀了牛二，气是解了，但却吃了官司，被刺青发配，颠沛流离，最后落草为寇。

仅凭一时冲动不计后果地去做事情，最终只会两败俱伤，事情也必然搞砸。

冲动是最危险的伙伴

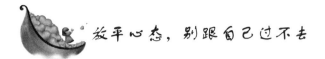

放平心态，别跟自己过不去

曾经热播的电视剧《武林外传》中有这样一个情节：一位一向被大家认为老实巴交的书生去青楼，居然好久都没有出来，白展堂前去寻找，竟然也是一去不回。这可急坏了郭芙蓉和老板娘佟湘玉。老板娘幽幽地问小郭：你说，是不是咱们不够好，要不为什么他们去了那里不回来呢？

事情的真实结局，自然是一场误会。在此，电视剧情节我们不去讨论，只是慨叹老板娘不分青红皂白地和自己过不去！

仔细想想，书生也好，展堂也罢，即使他们去了青楼再不回来，责任也应该在于他们自己，当然，从某种角度来说，老板娘遇事先考虑自己不足的做法，可圈可点；可她因此而劳心费神则实在是太过于和自己较劲。

生活中，诸如佟湘玉这样愿意和自己较劲的人并不鲜见。

比如，一些女性不厌其烦地减肥，甚至异想天开在脸上做各种手术：削颧骨、垫鼻梁、抽脂等。殊不知，胖瘦很多时候是天经地义的客观事实，单靠人为几点修饰，同整个脸庞乃至身体来比，不过是杯水车薪的伎俩，又如何能够成就美女的梦想？更何况，即使成一时之美，也是建立在有损健康的基础之上，这又何必呢？这样和自己较劲的女人，注定会品尝失望与痛苦。

婚姻中，很多女人面对丈夫的出轨行为，若如上面提到的佟湘玉那样主动反省自己的行为，不能说不正确，相反，这样做是对的，也是十分必要的。但是，不应该把所有过错都记在自己身上，以此来痛苦地改变自己，只为了挽回婚姻。这样做对女人来说，实在是一件得不偿失的事儿。

和自己较劲并不是女人的"专利"，男人同样脱不了"干系"。比如有些男人，尽管自己在工作岗位上兢兢业业，任劳任怨，为人也是热情周到，踏踏实实，以诚相待，但遗憾的是，自己并没有像

第十一章　多一份平和就少一份冲动

207

同事那样弄个一官半职。私下里他们往往恨自己，就像佟湘玉那样幽幽地说："还不是咱哪里出了疏漏，让人抓住了把柄嘛，要不怎么干了这么多年，还是一个小白丁呢？"再比如，有人听说同事或者朋友家的孩子考试取得了好成绩，回家后就埋怨孩子说，你不用功读书，看某某家孩子多厉害。不难想象，这样的话进入任何一个孩子的耳朵也会让其不舒服，叛逆的孩子说不定还会来这么一句：你还没人家家长厉害呢，你看哪个孩子好就去找人家好了！结果，一家人团聚的时刻，却因为和自己较劲而闹得不欢而散。

不管是女人，还是男人，也不管是父母，还是子女，其实每个人都会有自己不同的个性和风采，没，必要一定超过谁。能够每一天都有自己的感悟与收获，超过昨天的自己，这就是最好的了。

上面这些人都是一些会同自己较劲的"典型"，他们或许不清楚，这样做只会在精神上不断地折磨自己，也往往容易陷入更痛苦的泥潭！

心理专家表示，遇到事情，应该以平和心态去面对，冷静分析过错，勇于担当，但不是自己的过错也不应该大包大揽。这样做，不仅对问题解决大有益处，更重要的是，我们学会了快乐生活的本领。

我们都不否认，每个人都会有这样那样的苦恼，有些时候人生的苦恼，并不在于自己获得多少，拥有多少，而是以为自己想得到的更多，也就是我们常说的欲望太强。人一旦想得到太多，而靠自身能力又不能实现时，就会产生失望和不满的情绪。然后，就自己折磨自己，说自己"太笨"、"不争气"等，就这样经常和自己过不去，与自己较劲。

事实上，很多事情并不是你付出了辛劳就一定会成功，看开这一点，就会放松心情，不和自己较劲，让自己活得畅快一点，舒心一点！更何况，成功与否只是结果，这个结果固然重要，但付出的过程则更有意义。由此看来，只要自己经历过、努力过，还有什么值得遗憾的呢？

"春有百花秋有月，夏有凉风冬有雪。"大自然本身有其不可撼动的规律，我们的人生也有人生的道理。不管是生活还是工作中，我们大可不必为人生旅途中的磕磕绊绊而耿耿于怀，放下过重的包袱，本着"谋事在人，成事在天"的想法去从容应对，顺其自然地享受征途中的一切，也便能"不以物喜，不以己悲"，从容、淡然地面对生活与工作了。

所以，我们有必要每天都提醒自己一下：别跟这个世界较劲，更别跟自己较劲。只要让自己放平心态，抱持顺其自然的态度，随遇而安，在任何一个人生的节点，在任何一个位置，都可以轻松迈步。还有什么比荡起生命的秋千，愉快洒脱地生活更重要的吗？

这种洒脱，不是玩世不恭，更不是自暴自弃，而是一种思想上的轻装。洒脱的人不会终日郁郁寡欢，也就不会活得太累。懂得了这一点，才不至于对生活求全责备，不会在受挫之后彷徨失意。

别跟自己过不去，它会促使我们从容走自己选择的路，做自己喜欢的事。假如我们不痛快，要学会原谅自己，这样心里就会少一点阴影。这既是对自己的爱护，也是对生命的珍惜。

在这个世界上，有许多事情是我们所难以预料的。我们不能控制际遇，却可以掌握自己；我们无法预知未来，却可以把握现在；我们不知道自己的生命有多长，但我们可以安排当下的生活。只要活着，就有希望。别跟自己过不去！

多些自我反省，少些指责怨恨

2007年1月，韩国《教授新闻》报道：根据向韩国208位教授问及可以代表2007年韩国社会愿望的成语时，"反求诸己"这句来自中国的成语名列榜首——有近一半的人选择了它。

"反求诸己"出于我国典籍《孟子·公孙丑上》："仁者如射。射者正己而后发，发而不中，不怨胜己者，反求诸己而已。"意思是说，追求仁德的人好比射箭，如果射出的箭没有中靶，不会去责怪那些射中了目标而比自己强的人，只会反躬自省之不足。"反求诸己"强调的是人的自省，强调人要学会反过来从自己身上找出问题

第十一章 多一份平和就少一份冲动

的症结。

　　"反求诸己"是我国儒家思想的一个要点，韩国的教授们不但记得而且还如此的重视，这个现象是值得我们反思的。我们在"与时俱进"中，似乎淡忘了这些来自于古代圣贤的告诫了。生活中，我们常常会遇到类似的情景：你和朋友约好一起去看电影（或做其他的事），由于他忘了带东西又回去取，结果你们迟到了。你也许会埋怨朋友，当然，你并没有恶意，只是习惯性的埋怨罢了。然而，正是这种"习惯性"地埋怨他人，却是我们最大的错误。

　　可以说"埋怨别人"已成为好多人的弊病，"都是你的错"也成了人们掩饰自己错误的习惯性借口。当我们遇到困难时，我们首先想到的是埋怨别人，而不是从自己身上找原因。仿佛所有的错误都与自己毫不相干。或许当"都是我的错"成为我们经常挂在嘴边的话时，当我们学会反求诸己时，我们就会发现自己变得更加谦卑与平和，外界的很多事情很难让我们冲动得失去理智。可以说，反求诸己是一种智慧，也是我们每个中国人应该具备的美德。

　　胜者王侯败者寇——一切成败都与你自己有关。由古至今，谁学会了反求诸己，谁就能立于不败之地，当今社会更加需要反求诸己。曹操和袁绍的一大区别也在于此。当战争失败时，袁绍只知道指责他的部下，将失败的原因推向他的士兵、他的将领、他的门客，而不知道从自己身上找错误。相反，曹操则会当着众多门客的面，检讨自己的错误，哪怕真正失败的原因并不在于他。这就使袁绍的许多部下投奔曹操，导致最终袁绍败给了曹操的结局。

　　愿世间多些自我反省与检讨，少些指责愤怒与怨恨。记住：当你将食指指向他人时，中指、无名指与小拇指正指着自己。

　　"反求诸己"是我国儒家思想的一个要点，韩国的教授们不但记得而且还如此的重视，这个现象是值得我们反思的。

 很多冲突都是可以避免的

有这么一则因冲突而起的刑事案件：沿海某大学发生一起因打架斗殴致伤案件，有 5 名学生不同程度受伤。案件发生后，该市公安局及时介入，并组织力量抓捕案犯。

据伤者的同学介绍，事情的起因是该宿舍学生在校门口附近的烧烤园吃烧烤，其间和人发生了冲突。而导致冲突的原因听来实在是微不足道。原来，有几个同一宿舍的男生在一个烧烤店前吃大排档，其中一个男生去店里拿扎啤。没想到旁边一个人顺手就把这个男生空出来的凳子给拎走了。其他几个在座的男生说："我们这里有人。"可是，那个社会青年模样的人充耳不闻，看了他们几个一眼，还是把凳子拎走了。

一个男生不服气，就冲那个青年嚷嚷："你聋啊，我们这里还有人，听到没有？"谁知那个青年二话没说，举着拎在手里的凳子就向刚才说话的男孩打来。

男孩也不示弱，抓起桌子上的玻璃杯就朝那个青年砸去。这个男生的同学和那个青年一同来的几个人纷纷站起，并参与到这场群架战斗中。

就这样，两个人打架变成了两伙人打群架。事情的结局就是我们文章开头提到的样子。

其实，生活中有很多冲突都是可以避免的。只是由于当时不够冷静，因冲动而发生了争执，有了不愉快，事后后悔也是常有的事。

我们不难理解，冲突实际上是一种对立的状态，表现为两个或两个以上的相互关联的主体之间的紧张、不和谐、敌视，甚至争斗关系。冲突发生的原因也是多种多样的，可能是各方的需要、利益不同，或者对问题的认识、看法不同，或者是价值观、宗教信仰不同，或者是行为方式、做事的风格不同等。

总之，当相互关联的两个个体或者多个个体之间的态度、动机、

第十一章 多一份平和就少一份冲动

211

价值观、期望或实际行动不兼容时，并且这些个体同时也意识到他们之间的矛盾时，个体间的冲突就发生了。与冲突密切相关的一个概念是竞争，他们的共同点是都希望取得胜利，但在竞争中，人们并不会主动去伤害别人，而在冲突中他们可能会这么做。在某种程度上，竞争是一场竞赛，而冲突是一场战争。

对于人际关系来说，冲突可以带来挑战，也可以带来机遇。冲突的负面功能主要表现在：由于心存芥蒂，使得双方沟通不畅，情感隔膜，甚至相互诋毁，相互拆台；或者由于互不相让、恶意攻击导致双方关系破裂。但是，冲突也可以有很强的正面功能，这类似于俗话说的"不打不相识"。正面功能主要有：一方面，双方把隐藏的不满、误解公开表达出来，可以通过辩论得以澄清、化解，从而消除隔阂，增进理解，加深关系；另一方面，双方把各自的看法及其理由摆出来，通过建设性的争论，可以形成"头脑风暴"，彼此激发新思想，最后找到解决问题的更好方案。

当发生了冲突时，保持沉默是不对的，当作事情没发生过更不可取。特别是在工作上，与同事发生正面冲突是平常事，可是如何善后不让它成为沟通障碍，才是职场达人必备的才能。

钱小姐的同事李刚负责为他的部门提供系统支援的工作。有一次，心直口快的李刚与另一个部门的同事在办公室发生激烈争执。事后，两人都有一点后悔，可是又不愿说出来，心结没解开，以后怎么相处呀？

为此，钱小姐在网上咨询了一位职场顾问周先生。周先生认为，当工作需要与不同部门相互配合时，接触越多就越容易发生矛盾冲突。发生冲突的原因很多，可能是部门之间利益冲突、处理事情的方式不同、因信息不足造成误解，甚至是有人没有处理好个人情绪并把它带到工作上。

从李刚的例子看来，周先生做了如下三点分析：

第一，发生冲突的两人都是心直口快的性格。这种人性格比较"冲"，但也容易解决矛盾。

第二，他们都对事不对人。

第三，两人发生冲突的地点是在办公室，而且当着很多同事的面。

周先生认为，正确的态度是坦诚认真地沟通，而且不要拖，越早与对方沟通越好，时间拖得越长，心结越深，化解起来就越麻烦。况且，在办公室发生争执也会影响与其他同事的关系。

另外，周先生指出，沟通的时间和场合也要注意：

一方面，不必很正式，可以直接约一个时间一起吃顿饭，在轻松平静的情绪下顺便交换看法。另一方面，不一定要分出对错，关键是把事情说开，别种下心结。沟通时要针对具体事情进行讨论，做到"对事无情，对人有情"。在这个共同的前提下，没有什么事情是不可以谈的。只要双方都真诚，再麻烦的问题也会变得很简单。当心结解开后，还应该思考在今后工作中如何避免发生类似问题。

同时，应该借着沟通的机会，找出问题所在，记住制度是可以修改的，程序是可以提前准备的。这样一来，既解决了不愉快的事情，又避免下次再发生冲突的可能。

第十一章 多一份平和就少一份冲动

第十二章　虚荣名利都是冲动的祸根

人的私心、虚荣、贪婪、嫉妒，常使人跌倒。

 减掉生活中的欲望、虚荣、攀比

 减掉生活中的欲望、虚荣、攀比

　　一个篮子里有两种豆子，红豆和绿豆，并且红豆要比绿豆多很多。当我们需要绿豆时就会把其中的绿豆拣出来，可是当我们需要红豆时，难道也要费很多精力去拣吗？其实想得到红豆还有另外一种方法，就是"减"去篮子里的绿豆，那么剩下的不就是我们所需要的红豆吗？

　　用什么方法得到红豆和绿豆，我们暂且不去深入探讨。现如今，人们最关心的一个话题就是怎样才能将繁杂负重的生活变得简单轻松。生活在社会高压下的人们，早已厌倦了酒桌上的应酬和人与人之间的明争暗斗，越来越多的现象表明，追求一种简单的生活已经成为一种趋势，多少人渴望自己的生活是那种喝着一杯清茶，看看书，听听音乐，和家人一起散散步，欣赏一下自然风光，最后还能轻松地品味着咖啡是什么滋味。这些看起来很简单的事情似乎已经成为每个人的一种奢望，因为人都是活在现实中的，而现实却不是那样简单。

　　难道就没有一种方法，可以化繁为简，化重为轻吗？有，只是一般人都难以做到。这种方法就是"减"，减掉生活中的欲望、虚荣、攀比，剩下的就是简单和轻松。虽然看起来只有简简单单的几个字，可是要真正地做到，却并不那么容易。

　　通俗地来讲，将得到的东西，再从自己的荷包中减去，是一件非常困难的事情，就如一个人挣了很多钱，他已经将这些钱全部存入了银行，可是再取的时候，心里就会有一种舍不得的感觉，毕竟是自己历尽心血才得到的。所以不到万不得已的时候，是不会将这些"身外之物"减掉的，而不"减"最终导致的结果就是被这些东西所累。而生活又何尝不是如此呢？人们一味地追逐着自己想要得到的东西，从来不去思考，哪些东西是自己真正所需，而哪些东西又是可有可无，当生命再也无法承载其重量时，人就会被这些负重压倒。而这种结果是完全可以避免的，只是因为人们一时的贪念，才让自己的生活变得越来越复杂，越来越繁冗。

那么，当拥有了这些繁冗复杂的生活以后，你就幸福了吗？你就快乐了吗？事实并非如此，大多数人活在那些烦琐中，整天不是为这件事情发愁，就是为那件事情发愁，处理不完的琐事，让人心变得麻木，不知道生活的乐趣在哪里，更不知道快乐是何种滋味。直到快要走完生命的旅途时，才发现自己背负了一些无用的东西，而最重要的时间都已经被浪费得所剩无几了。

回过头来，仔细想想，每个人都是简简单单、赤裸裸地来到了人间，其中的意味一时间才恍然大悟，原来上帝早已给人类指出一条光明大道，即简简单单来，简简单单去。虽然说在成长的过程中，必须要吸收很多东西，但这些东西在用过以后就要及时减掉，否则它就会成为生活的负重。有句话说得好："鸡肋，食之无味，弃之可惜。"其实，在每个人的生命历程中，有许许多多的东西和鸡肋一样，用无大用，扔了又觉得可惜。当这些东西慢慢堆积为影响生活的繁杂之物时，生活也就变得不再轻松。

千万不要把生活中的"减法"理解为生活中的让步、生活中的忍让等，生活中的"减法"是指学会舍弃，减轻生活中的过重的负担，减少各方面的压力，可以让自己活得更轻松更愉快些。中野孝次在他的《清贫思想》一书中写道："'无'是常态的时候，人才会为'有'感到无比满足与谢意。"生活，本就是有些事可为，有些事不可为，减不可为之事，为可为提供空间，才是真正的减法之道。

因此，想让自己的生活能真正诠释生命的含义，就要学会运用生活中的减法定律，尤其是那些事业家庭都进入稳步阶段的人，更要适时清理自己的"生活大库房"，为自己留出一条简单舒适的生活之路。

第十二章　虚荣名利都是冲动的祸根

217

 ## 对金钱的冲动有害幸福

人的私心、虚荣、贪婪、嫉妒，常使人跌倒。

在巴拉圭有一对即将结婚的未婚夫妻，他们很幸运中了一张"高额彩券"，奖金是 7.5 万美元。

可是，这对马上要结婚的新人，在中奖后隔天，就为了"谁该拥有这笔意外之财"而闹翻了，两人大吵一架，并不惜撕破脸闹上法庭。为什么呢？因为这张彩券当时是握在未婚妻的手中，但是未婚夫则气愤地告诉法官："那张彩券是我买的，后来她把彩券放入她的皮包内，但我也没说什么，因为她是我的未婚妻嘛！可是，她竟然这么无耻、不要脸，居然敢说彩券是她买的！"

这对未婚夫妻在公堂上大声吵闹，各说各的理，丝毫不妥协、不让步，这也让法官伤透脑筋。最后，法官下令，在尚未确定"谁是谁非"之前，发行彩券单位暂时不准发放这笔奖金！而两位原本马上就要结婚的佳偶，因争夺奖券的归属而变成怨偶，双方也决定取消婚约。

有人说："结婚，不一定是为了钱；离婚，却经常是为了钱。"

的确，人的私心、虚荣、贪婪、嫉妒，常使人跌倒，重重地跌在自己的"恶念"里。

社会中有一种怪现象，越穷的人，越不喜欢廉价商品。

在生活中我们发现，越是没有钱的人，才越爱装阔。这似乎是个心理问题。因为没钱的人容易产生抗拒心理，他们内心常在交战：我只能买这些便宜货吗？自怜便油然而生，更因顾虑到别人的眼光，而忐忑不安。

所以，当他们面对一件商品时，往往考虑虚荣比考虑价格的时候多，没钱的自卑感像魔鬼一样缠得他们犹豫不决，最终屈服于虚荣，勉强买下自己力所不能及的东西。因此，社会中有一种怪现象，越穷的人，越不喜欢廉价商品。

仔细想想，穷人的虚荣心总比富人强，他们因为乱花钱而永远无法存钱，富人则相反。

有位身价数亿的董事长，他从来不在乎别人对他的称呼——小气财神。他和朋友去餐馆吃饭时，大都随便点一些菜，并不讲究排场以显示自己的财富。有些人则不行，本来不如别人有钱，却怎么也不敢潇洒地点便宜菜，担心招来轻蔑的眼光。

年轻人往往是最爱虚荣的，一个刚赚了一点钱的小伙子，却非要请女友去高级餐馆，进高级舞厅。有些只租得起8平米小房间居住的年轻人，却非要倾其所有积蓄买一部汽车带着女友玩，试想，这样的年轻人又怎能不穷？越装阔越穷，越穷越装阔，形成了一个贫穷的恶性循环。

穷人的虚荣心总比富人强，他们因为乱花钱而永远无法存钱。于是，越装阔越穷，越穷越装阔，形成了一个贫穷的恶性循环。

如果你支配金钱，那它是一个好的仆人；如果金钱支配你，那它就是一个坏的主人。

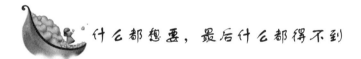

什么都想要，最后什么都得不到

其实选择完美是个误区，不能及时放弃也是个误区。

发现骨癌是在两个月前，他正办理出国手续去澳大利亚，他相恋多年的女友在那里。他们约好这个冬天一起去滑雪。拿到签证的时候，他高兴地飞奔，去给女友打长途电话。路上他摔倒了，右腿软软的，抬不起来。去医院检查，是骨癌。医生让他立刻住院动手术，截去右腿，这是保住生命的唯一办法。家人、朋友、医生、病友们反复劝他："还是做手术吧！毕竟，还是生命要紧！"

他却坚定地摇着头："不，对我来说，腿和生命同样重要！我宁可失去生命，也不会截断这条腿！"

没有他的签字，手术无法进行。医院和家人只能尊重他的选择，为他做药物治疗。因为化疗，不到两个月，一头黑发都掉光了！而这两个月间，他想要保住自己的腿的强烈愿望和想要活命的强烈愿望每一刻都在相互争斗着，相互妥协着。最后，还是想要活命的愿望占了上风，他改变了最初的决定，同意做手术截去患病的右腿！

他在手术单上签下了自己的名字，然后，最后一次凝视了一眼自己的右腿，就被推进了手术室。手术整整进行了 4 个小时，他一直在昏睡中。等他再一次醒来的时候，只感到右下侧剧烈的疼痛，他慢慢把视线转过去，那里已经空荡荡了。他的眼泪顷刻间流了下来，他感到心在剧烈地疼痛，比身体的疼痛强烈 100 倍！

但是，事情的结果是最坏的那种。因为错过了做手术的最佳时间，他的病情急剧恶化，癌细胞已经扩散了。锯掉右腿已经毫无意义了，他将要带着仅剩一条腿的残缺身体走向生命的尽头！

我望着他，那一刻，我一遍一遍不停地问自己：如果换作我，我会如何选择？

最后的答案是：我也会和他一样，在开始的时候，选择第一个方案，保住腿；然后随着时间的推移，病情的加重，再改成第二个，保住命，然后，两个都失去，然后再后悔。

其实选择完美是个误区，不能及时放弃也是个误区。

许多时候，我们不都是这样，最初要坚守"完美"，后来不但变得残缺不全，还失去了所有。

"什么都想要"、"什么都不想失去"是人常犯的一种低级错误。

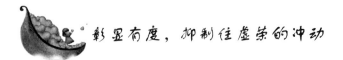

彰显有度，抑制住虚荣的冲动

纵观中国历史，很多人就是因为在彰显自己的时候没有把握一个度，所以最终落得一个悲惨的下场。

沈万三是明朝时江南有名的富豪，他拥有万贯家财，但他却不懂得"彰显有度"的道理。曾经为了讨好朱元璋，给他留一个好印象，沈万三拼命地向新政权输银纳粮，竭力向刚刚建立的明王朝表示自己的忠诚。而朱元璋也想利用这个巨富的财力来加强自己的统治，便命令沈万三出钱修筑从洪武门到水西门一段的城墙，总工程量占到金陵城墙的1/3。沈万三不仅按质量提前完工，而且还提出由他自己出钱犒劳修筑城墙的士兵。沈万三这样做，无非也就是想讨朱元璋的欢心，但是，他万万没有想到他的一番好心却弄巧成拙。朱元璋一听，当下就发火了，他说："朕有雄师百万，你能犒劳得了吗？"这时的沈万三还没有听出朱元璋的话外之音，面对如此之刁难，他居然毫不示弱："即使如此，我依然可以犒劳每位将士银子一两。"

朱元璋听了大吃一惊，在与张士诚、陈友谅、方国珍等武装割据集团争夺天下时，朱元璋就曾经因为江南豪富支持敌对势力，让自己吃尽苦头而痛恨不已。现在虽说已经将对手打败，建立新的国家，但国不如民富，这使朱元璋不能容忍。更使他火冒三丈的是，如今的沈万三竟敢越俎代庖替天子犒赏三军，仗着富有将手伸向军队。虽然朱元璋心里怒火万丈，但他并没有立即表现出来，而是在心底决定要找机会治治沈万三的骄横之气。

一天，沈万三又向朱元璋大献殷勤，朱元璋给了他一文钱说："这一文钱是朕的本钱，你给我去放债。只以一个月作为期限，初二起至三十止，每天取一对合。"所谓"对合"是指利息与本钱相等。也就是说，朱元璋要求每天的利息为百分之百，而且是利滚利。

沈万三虽然满身珠光宝气，但是他腹内却没有多少墨水，财力有余，而智慧不足。他心里一盘算，第一天一文，第二天两文，第三天4文，第四天才8文嘛，区区小数，何足挂齿！于是他非常高兴地接受了任务。可是回到家里再仔细一算，沈万三不由得傻了眼，第十天本利还是512，可到第二十天就变成了524288文，而到第三十天也就是最后一天，总数竟高达536870912文，需要交出5亿多文钱。按照这个数目，沈万三就是倾家荡产也不一定够啊！

沈万三真的倾家荡产了。朱元璋下令将沈家庞大的财产全数充公后，又下旨将沈万三全家流放到云南边地。

蒙哥马利是英国陆军元帅，也是世界闻名的战略家、军事家，第二次世界大战中，著名的阿拉曼战役、诺曼底登陆为其军事生涯的两大杰作。

然而，就是这样一位功名彪炳的伟大人物，晚年却做了一件让自己尴尬无比的事。

1968年，81岁的蒙哥马利将军提出了一个要求：一定要佩戴国剑参加国会开幕典礼。

带国剑是英国政府给予功勋卓著的军官的一种崇高而特殊的荣誉，但按礼宾规定，带国剑有一套严格的要求。国剑很长而且非常笨重，佩剑人员必须带着它从皇家画廊走到议院。在女王讲话时，佩剑人还要将它举起并不能有丝毫的摇晃。

那一天，将军佩剑出场。可是在女王讲话的时候，蒙哥马利高举在手中的剑不由自主地晃了一下，接下来，晃动的不仅是将军的剑，而且还有将军本人了。女王停止了自己的讲话，将军被人扶到椅子上坐了下来……在一片唏嘘声中，将军怅然退出会场……

人毕竟是平凡的，像蒙哥马利这样伟大的人物也免不了有一点点虚荣。然而，事实却是残酷的，他为此颜面扫地。

大诗人拜伦曾经这样说："真有血性的人，决不乞求别人的重视，也不怕被人忽视。"显然，拥有了平常心，我们才能够拥有人格的魅力。

拥有了平常心，我们才能够拥有人格的魅力。

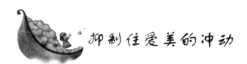

抑制住爱美的冲动

时尚不是跟风、不是流行、不是人云亦云、不是拷贝外国人的生活习惯。

据《香港商报》报道，在生活中，很多人对时尚趋之若鹜，他们追逐时尚的过程，享受时尚生活的风光。今天流行瘦身，他们马上去减肥；明天流行整容，他们就去整形医院；后天流行奇装异服，他们又打扮得像个外星人一样，很可笑。

新加坡27岁的传媒艺人爱丽长得清新秀丽，是新加坡娱乐界一颗冉冉升起的新星。然而爱丽觉得自己的身材还不够完美，于是进行药物瘦身，结果在服药两个月后被诊出肝脏衰竭，生命垂危。后来，多亏她的男友挺身而出，自愿捐献一个健康的肝脏才保住了她的性命。

一些爱美的人士为了达到瘦身的目的，不惜节食、吃药、抽脂等，结果因为瘦身而失去健康甚至生命的现象屡见不鲜。与其说是瘦身夺去了这些人的健康与生命，还不如说是无知与盲目让这些人最终走上了不归路。

曾写过畅销小说《原配夫人俱乐部》的作家奥利维亚·戈德史密斯，来医院动一个无关紧要的下颚整形手术。打过麻药后不久，她就陷入了昏迷，再也没醒过来。

韩国一个由于过大的脸盘被邻居们称为"电风扇大嫂"的韩某，之前对自己的四方脸很不满意，于是按照整容医师的指导，在自己的脸上注射了医生给她的激素成分的注射液，甚至还直接注射了豆油和石蜡。可最后四方脸没消除，反而比原来还要大。

有一位著名的作家之子，是一个很有前途的青年演员，在一次接受采访时，他承认整容失败。原来，他为了"晒成古天乐那样的黑皮肤"，在 2003 年的一次日光浴中被严重晒伤毁容，之后更惨遭无良医生忽悠，导致整容手术失败——左脸变形，表情僵硬。原本帅气阳光的他一度陷入绝望，险些自杀。

时尚不是跟风、不是流行、不是人云亦云、不是拷贝外国人的生活习惯。真正的时尚是体现一个本真的自我，对生活的热爱、对爱情的追求、做自己喜欢做的事情。所谓外表之时尚，永远是最浮华的东西，潜心充实跟得上时代步伐的内心，才是追求时尚的必要条件。

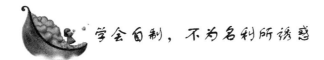

学会自制，不为名利所诱惑

在生活中，每时每刻人们都面临着这样或那样的诱惑。如果在诱惑面前我们稍微有所动心，我们的人生轨迹也许就会从此发生彻

第十二章　虚荣名利都是冲动的祸根

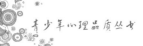

底转变，我们的命运也许从此会由别人来掌握。

在跨越诱惑之门的时候，仅仅靠品德的力量是不够的，人们还需要一种不为名利所动的恬淡胸怀与刚毅精神。唯有如此，方可拒绝所有致命的诱惑。为了虚名、浮名、功名，很多人都付出了生命的代价，这就是追逐名利的后果。

元末明初大文学家宋濂，不用多提他的其他著述，一部《元史》就足以赢得世人的尊敬。

宋濂是明太祖朱元璋最为倚重的文化重臣，将他聘之为文学顾问。每每召进宫中，问及文学之事，促膝谈罢，赐以御宴。朝中大臣，亦对之刮目相看、尊崇有加。偏偏这位文化大师，文章清明，名利面前则糊涂愚钝。他觉得官位还不够高，名声还不够响，群臣的眉眼还不顺。冥思苦想之后，他心生一计。

一日上朝，他上一奏折，提出要告老还乡，精明的朱元璋一眼就看穿了他的心思：通过皇帝当众百般挽留，进一步提高自己的声望。这位农民出身的皇帝从来不欣赏文人的雕虫小技，于是略做沉吟，就恩准了他的请求。这是令宋学士死都没有想到的结局。怎奈玉口金言，难收成命。无奈之下，他又撑着老脸勉勉强强地征得皇帝每年召见他一次的"恩宠"，便灰溜溜地下了朝。

以后每年，他先征得皇上恩准，上朝一次。可几年过去，他越来越觉得皇帝的问候中已少了那份真诚；群臣的招呼声里没了以前的那份敬重。他每年一次的朝见有点像例行公事，滋味索然。

于是，他又生一计，何不让自己的儿子代自己应付那痛苦的过程？他又做出了一个断送自己生命的错误决定。皇上闻听盛怒，以欺君之罪处以流刑。一代文化大师，悲悲戚戚惨死在流放途中。

在人生的路途中，总是有人在利用各种场合和机会对你施加影响，试图改变你的生活。一旦你经不起诱惑，一旦你伸出了贪婪的触角，很有可能一个温馨舒适的家就会从此妻离子散；很有可能一个具有发展潜力的企业就会从此销声匿迹；很有可能一个大有前途的人就会从此一蹶不振。是什么让人们付出了如此昂贵的代价？是贪婪、是愚昧、是经不起诱惑。就是因为这些，有的人出卖了自己纯洁的灵魂，出卖了自己高尚的人格，甚至因此而失去了自己宝贵

冲动是最危险的伙伴

的生命。

这所有的一切都只能用一个"不"字来解决。正是由于面对诱惑无法说出一个"不"字，我们不得不为此付出昂贵的代价。尤其是年轻人，他们更是对这个"不"字深深地畏惧，以至于所有的一切都变成生命的不幸。

无论是什么人，只要他能够在面对诱惑时下定决心敢说一个"不"字，只要他能为此坚持不懈，那么他就会得到无穷无尽的力量，他就会拥有战胜一切的勇气。无论他的敌人多么强大，他也会毫不畏惧。但如果一个人缺乏自制力，他就不可能在生命的过程中、在性格的完善和获得成就的道路上取得任何有价值的进步，克服诱惑是走向成功的第一步。

真正的成功者都是把才能置于自制之下的，无论是好运还是厄运，不管是在顺境还是逆境，他都能很好地控制自己，他都能拒诱惑于千里之外，他总会紧紧抓住自己的目标，坚持不懈地去追求。一个无法学会自制的人，不管他的才智有多高，不管他的条件有多么优越，他总是会受到情绪和环境的影响，他总是会受到其他因素的诱惑。直面敌人，他无法勇敢作战；直面竞争对手，他无心恋战。

一个无法学会自制的人，不管他的才智有多高，不管他的条件有多么优越，他总是会受到情绪和环境的影响，他总是会受到其他因素的诱惑。直面敌人，他无法勇敢作战；直面竞争对手，他无心恋战。

曾有人对各监狱的成年犯人做过一项调查，发现了一个惊人的事实：这些犯人之所以沦落到监狱中，有90%的人是因为他们缺乏必要的自制。就是这一点，对他们的生活造成了极为严重的破坏。由此可见，失去自制的后果是多么可怕。一位哲人说："上帝要毁灭一个人，必先使他疯狂。"失去自制就将毁灭。

自制是一个人一生中最难得的美德，它是一个人成功道路上的平衡器。自制体现了人类的勇气，是人类所有高尚品格的精髓。不能进行自我控制，就不会是一个真正成功的人。所以，一切美德的根本体现就是人的自制，它是取得事业成功的前提。凡事以愤怒开始，必以耻辱告终。一旦你失去自制，另一个人——不管是一名目不识丁的管理员，还是有教养的绅士，都能轻易地将你打败。

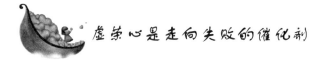

虚荣心是走向失败的催化剂

人们的虚荣心可谓与生俱来，虚荣心也有一定的积极作用，它能激励人们，尤其是年轻人，向人生和事业的巅峰前进。但更多时候，虚荣心则是走向失败的催化剂。

《史记·项羽本纪》记载了这样一件事：项羽攻克秦都咸阳后，有人劝其定都土地富饶的关中，他却说："富贵而不还乡，如衣锦夜行，谁知之者？"不久项羽力排众议，定都在离家乡不远的彭城（今江苏徐州）。项羽因为急于回乡炫耀富贵以满足自己的虚荣心，而不听谋士高见，放弃了关中这个军事要地，注定了自己失败的命运。

如果你看过莫泊桑的《项链》，一定不会忘记漂亮的玛蒂尔德。她由于自己没能嫁给一个有钱人而一直耿耿于怀，后来虽然她在一次晚宴上压倒群芳，但却为此付出了极其沉重的代价。足见爱慕虚荣的下场有多么的可悲。

法国哲学家柏格森曾经说过："虚荣心很难说是一种恶行，然而一切恶行都围绕虚荣心而生，都不过是满足虚荣心的手段。"

有了强烈的虚荣心，罪恶便有了滋生的温床。在虚荣心的驱使下，人们为了面子，往往会不顾自己的实际条件，采取夸张、欺骗、盲目攀比等手段，以满足他们所谓的"自尊"。在强烈的虚荣心的支配下，他们有时甚至会采用犯罪等极端的手段，给自己带来非常严重的后果，同时对社会造成极大的危害。

有的人总喜欢夸夸其谈，自己取得一点点成绩，吹得比天还高。这样做的结果，往往是搬起石头砸了自己的脚。

有一句话叫："企者不立，跨者不行。"什么是"企"，什么是"跨"？把脚尖踮起来叫"企"，迈开大步叫"跨"。也就是说，一个人踮起脚尖，是站不了多久的；一个人迈开大步，是走不了多远的。你要想站稳站久，必须脚掌和脚跟落地，才能站得踏实，站得长久；

冲动是最危险的伙伴

你要想日行百里，那么步子就不要迈得太大，步子小一点，频率快一点就是了。

有的人总喜欢夸夸其谈，自己取得一点点成绩，吹得比天还高。这样做的结果，往往是搬起石头砸了自己的脚。比如有一家企业，生意比较好，但厂长总说企业效益好得不得了，本来赢利才两千多万，硬说是两个多亿。你想一家中型企业赢利两个亿是啥概念？于是取经的来了，要求赞助的来了，要求捐款的也来了……领导来了，歌星来了，影星来了，大学教授也来了……厂长当然是应接不暇，不但让他们吃好住好玩好，走的时候还要"送"好，于是赞誉如潮，荣誉一个接着一个，什么"全国劳模"、"优秀企业家"……该有的一个也不能少。

不久，厂长高升了，被提拔为市外经贸委主任。可是他走后不久，企业就开始捉襟见肘：没有钱买原材料，生产规模开始萎缩了；没有足够的产品，市场份额开始下降了……于是工资发不出来，工人开始下岗了，渐渐地，企业就这样垮了。

有的人有了钱有了官，总是那么自高自大，老是一副高高在上的样子，总看不起那些无钱无权的人，于是群众开始疏远他。不过他不管，一个劲儿地往高处爬，到"楼顶"了，到"树尖儿"了，一不留神就摔了下来。因为没有群众基础，大家都不给他垫草，结果一下子摔成了一堆肉泥。

一句话，"自见"也好，"自是"也好，"自伐"也好，"自矜"也好，用大"道"的标准去看，就像那些吃不完的剩菜剩饭和人身上长出的赘瘤一样，根本没有多大的价值。所以，真正高明的人是不会看重这些的，更不会那样做的。所以，为人处世，还是低调一点好，客观一点好！你看那个袁世凯，人家孙中山先生"推位让国"，把总统的位置都让给他了，让他当上了中华民国的第一任大总统。可是他还是不知足，硬要走火入魔，圆一圆皇帝梦，结果仅仅当了83天的皇帝就寿终正寝了。原因就在于他——自见、自是、自伐、自矜，所以才逆历史潮流而动，不仅贻笑天下，而且遗臭万年。

吃不完的剩菜剩饭和人身上长出的赘瘤一样，根本没有多大的价值。所以，真正高明的人是不会看重这些的，更不会那样做的。

第十二章　虚荣名利都是冲动的祸根

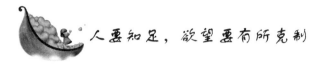

虚荣心能够泯灭一个人原先善良美好的品性，为了满足这种越来越膨胀的虚荣心，他们往往不择手段，甚至走上犯罪道路。

人要知足，欲望要有所克制

人要知足，不能自满，做人要留有余地，欲望要有所克制。

老子曾说：这天地就像是一个大风箱，只要拉杆不动，一切风平浪静，万物各依其性，无论其生老病死都顺其自然，无所谓仁与不仁。

老虎吃鸡，鸡吃虫，虫吃棒子，棒打老虎，整个生物界就是一个食物链，每一种动物都面临着吃与被吃的命运，这是自然法则的安排。虽然天地"不仁"，但万物却能在这种吃与被吃的生存游戏中繁衍、生存，永无休止。这就是老子所说的"虚而不屈"，也就是自然而然的一种生存状态。但是，如果天地这个大风箱的拉杆一旦被拉动，就会平地生起风来，飞沙走石，倒海翻江，整个生态平衡就会遭到破坏，某些物种将面临灭绝。

其实，不只天地是一个大风箱，我们每个人也是一个大风箱，这个风箱里也有拉杆，这个拉杆就是各种各样的欲望。只要欲望这个拉杆一动，内心就会焦躁不安，会在风箱里被吹得团团转，迷失了灵魂，迷失了身心。于是利欲熏心，为所欲为，想的是车子，要的是房子，拿的是票子，盯的是位子……一天到晚忙个不停，就像那个被抽打的陀螺，鞭子不停地抽打，它便不停地旋转。这条鞭子是什么？那就是欲望。欲望不停，人就会忙个不停。如果一辈子都这样，你说累不累？

在这个世界上，有两样东西最难填满，一个是大海，一个是欲望。但大海填不满，体现的是它的包容，它的海涵，它的博大精深。而欲望填不满，体现的却是人性的贪婪，人性的丑陋。

比如传说中有个人，做了官，还想要钱；有了钱，还想要玉皇大帝的那根如意杖；有了那根如意杖，还想要王母娘娘的蟠桃园；

有了蟠桃园，还想把王母娘娘的七个女儿都纳为妾……结果惹怒了玉帝，一棍子打下凡来，变成了一无所有的穷光蛋。这就是欲壑难填的报应。

人要知足，不能自满，做人要留有余地，欲望要有所克制。这就像一杯水，已经快满了，就不要再加了，再加就要溢出来。一把弓已经拉得很开了，就不要再使劲儿拉，再拉，弓弦就要断。

一个人有了能力，要懂得谦虚；有了过人之处，要懂得韬光养晦。否则，注定是要吃大亏的。就像你手中的那把武器已经很锋利了，但心里还不满足，还想让它变得更加锋利，于是在锋上加刃，没有想到锋刃太锐太薄，遇到稍微坚硬一点的东西就砍缺了。所以一个人对自己的聪明、权势和财富等，都要有所克制，自保自持。聪慧过人要懂得谦虚包容，权势极人要懂得隐遁退让，财富有余要知道适可而止，这才是人生进取和明哲保身之道。

在这个世界上，富贵是大家共同的追求目标。追求富贵无可厚非，但拥有了富贵，千万不要忘乎所以。以富贵骄人，只会自取其辱，自遗其咎。

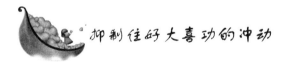

抑制住好大喜功的冲动

人生变故，犹如水流。事盛则衰，物极必反。

十多年前，一个靠软件起家的亿万富豪，看到房地产市场红火，决心建一座"巨人大厦"，这个富豪就是史玉柱。大厦的建设方案随着经济的红火和史玉柱内心的燥热，从18层、38层、54层、64层……不断加码。1994年初，在巨人大厦开工典礼上，史玉柱刚想对外宣布巨人大厦要建成中国第一高楼64层时，可话到嘴边，面对着参加典礼的名流们殷切的目光，史玉柱头脑一热，心想64层也没与国内一些高楼拉开太大的距离，于是他一咬牙，脱口而出："巨人大厦要建72层。"

1996年，巨人大厦资金告急，史玉柱把巨人集团保健品方面的

第十二章　虚荣名利都是冲动的祸根

全部资金都调往巨人大厦，而保健品业则由于"失血"过多，几乎被拖垮了。苦苦支撑到 1997 年年初，巨人大厦还是没能如期完工，已购楼花者天天上门要求退款，媒体也用地毯式轰炸的方法报道巨人财务的危机。终于在这一年，巨人集团的资金链断裂，史玉柱一手打造的巨人集团宣告破产。

1995 年，史玉柱在《福布斯》大陆富豪榜排名第八，然而两年之后，他变得几乎身无分文。在痛定思痛后，史玉柱做了深刻的反思与检讨。他在《我的四大失误》一文中，认为自己首要的失误是：盲目追求发展速度。他的胃口如同饕餮一样巨大，为企业订下的销售目标，是在两年的时间里，从 10 亿到 50 亿再到 100 亿；他在短短几年之内，从电脑行业到房地产业、保健品业，四面出击……他妄想以十二分的速度迅速壮大自己，结果吃不了兜着走，把自己带入了一个深深的泥潭。因此，史玉柱当年的失败，归根究底是源于"过"——摊子过大、速度过快。而巨人大厦只不过是火药桶的一个导火索而已。

20 世纪 90 年代末，是一个财富英雄的战国时代，一大批人迅速崛起，一大批人迅速倒下，除了史玉柱外，三株集团的吴炳新，飞龙集团的姜伟，瀛海威的张树新，他们都在几年内完成从闪亮登台到黯然谢幕的过程。他们都有过各种形式的反省，发展过快与贪大求全都是他们自认为失误的共性之一。

人生变故，犹如水流，事盛则衰，物极必反。乐不可极，乐极生悲；欲不可纵，纵欲成灾。

八分最好，不要十二分，因为十二分就"爆"了。十二分在很多时候还不如二分，这就是所谓的"过"不如"不及"的道理。

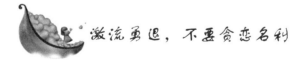

激流勇退，不要贪恋名利

《老子》中说："功成身退，天之道也。"也就是说，功业既成，就是该引身退去的时候了，这是合乎自然规律的。就像自然界中的花一样，开了，结了果，也就谢了。成功了，也就该退了。

人莫不爱财慕富，贪恋权势，有权势、有地位、有名利，处在社会的上流，常常风光无限，处处受人尊重。一个人奋斗到这一步不容易，要在这个时候选择隐退，是很难做到的。一旦退下来，可能什么都没有了，这时往往心理的落差比想象的还要大，还要强烈。因此，激流勇退需要智慧，一旦退出，不管是主动的还是被动的，都需要调整自己的心态。可能你老骥伏枥，志在千里；壮士暮年，雄心不已。但是，既然你已经老了，不适应新的环境和新的节奏了，就应该考虑让位，这叫顺应历史潮流。既然你已经完成了历史赋予的使命，那么，未来的事业会有人继承的。

历史证明，有不少做官之人都是官当过头而弄巧成拙，结果不仅给自己带来灾难，而且给国家给社会也带来巨大的损失。这个时候最为明智的选择，就是激流勇退。

李斯贵为秦相时，风光无限，最终被赵高诬陷谋反，在咸阳街市上被腰斩。行刑时，李斯跟他的次子一同被押解，他回头对次子说："我多想和你再牵着黄狗一同出上蔡东门去打猎追逐狡兔，现在又怎能做得到呢？"于是父子二人相对痛哭，结果他三族的人都被处死了。他临死时才醒悟，渴望返璞归真，过平民生活，但已不可能了。

应该说"功成身退"表现出一种对于历史的前瞻性，以及对于自己生存环境清醒的认识和睿智的把握。

一个人来到世间，总会遇到顺逆之境、迁谪之遇、进退之间的各种情形与变故。歌德曾说："一个人不能永远做一个英雄或胜者，但一个人能够永远做一个人。"

当一个人集荣耀富贵于一身时，他是否想到会有高处不胜寒的危机、有长江后浪逐前浪的窘迫呢？那么就接受位置的变化吧，不要过分贪恋巅峰时的荣耀和风光，趁着巅峰将过未过之时，从容地撤离高地，或许下得山来会有另一番风光呢！

有一个奥运会柔道金牌得主，在连续获得多场胜利之后却突然宣布退役，而他才28岁。由此引起人们的种种猜测，以为他出了什么问题。其实不然，他感觉到自己运动的巅峰状态已过，求胜的意志也在削弱，所以明智而主动宣布退役。应该说，这个运动员的选择虽然若有所失甚至有些无奈，然而，从他个人心理来看，却也是一种如释重负、坦然平和的选择。比起那种硬充好汉者来说，他是聪明的，因为他毕竟是在没有"吃败仗"的时候退下来，并且成功地换位当上了教练，给人留下美好的印象。

如同一切时髦的东西都会过时一样，一切的荣耀或巅峰状态也都会被抛到身后或烟消云散的。因此，做一个明智的人，既然"拿得起"那颇有分量的光环，也同样应当"放得下"它，从而使自己步入另一个新天地。

不要过分贪恋巅峰时的荣耀和风光，一个人不能永远做一个英雄或胜者。